国际河流水资源利用与管理

（上）

冯 彦 著

科 学 出 版 社
北 京

内 容 简 介

本书以国际河流水资源利用和管理制度、机制建设及案例分析为主线，以“国际河流水资源概念—国际河流分布—国际河流水资源权属—流域机构建设”为脉络，厘清了近年来受社会各界关注的国际河流水资源概念、利用与管理涉及的国家间权利与义务、国际法基本原则等，为国际河流水资源的利用与管理建立起一个较为清晰的理论框架。

本书可作为国际河流水资源开发、保护与管理的管理者、工程项目设计者等参考用书，也可作为高校相关专业（资源环境、生态、地理、资源环境国际法、国际关系、地缘政治等）师生的参考学习材料。

图书在版编目(CIP)数据

国际河流水资源利用与管理.上/冯彦著. ——北京:科学出版社, 2019.11
ISBN 978-7-03-062194-8

Ⅰ.①国… Ⅱ.①冯… Ⅲ.①国际河流-水资源利用 ②国际河流-水资源管理 Ⅳ. ①TV213

中国版本图书馆 CIP 数据核字 (2019) 第 190197 号

责任编辑：李小锐 / 责任校对：彭 映
责任印制：罗 科 / 封面设计：墨创文化

科学出版社出版
北京东黄城根北街16号
邮政编码：100717
http://www.sciencep.com

成都锦瑞印刷有限责任公司印刷
科学出版社发行 各地新华书店经销
*
2019年11月第 一 版 开本：B5（720×1000）
2019年11月第一次印刷 印张：10
字数：200 000

定价：98.00 元
（如有印装质量问题，我社负责调换）

前　言

2015年，由联合国环境规划署等机构的最新统计表明，全球国际河流数为286条，流域总面积约为6203.2万km^2，占全球陆地面积(除南极洲外)的45.9%，年平均河川径流量为22万亿m^3，约占全球河川总径流量的54%。国际河流涉及全球151个国家和28亿多的人口，随着全球人口的不断增长、气候变化对水资源时空分布的不确定性影响，水资源的开发利用与管理将日渐显著。中国有主要国际河流19条，水利部发布1997—2012年水资源公报数据显示，我国国际河流的年平均出境水量为6851亿m^3，而同期的年平均入境水量仅为224亿m^3，出境水量与入境水量分别占全国多年年平均河川径流总量的24.5%和近1%。因此，中国国际河流水资源不仅对我国未来水资源安全维护至关重要，而且对境外相关流域国也有重要意义。

长期以来，受国际河流地处边远、区域发展水资源需求小、开发成本高、资源本底资料与信息不清等因素的影响，我国国际河流水资源的整体开发利用程度低，相关基础研究较为滞后。随着中国改革开放和“一带一路”建设的不断推进，中国境内国际河流水资源的开发力度得到增强，但受到相关流域国乃至域外国家的广泛关注甚至质疑，尽管中国正在加强与境外相关流域国在该领域的合作，包括一些合作协定的签订、合作机制的建设等。其中的原因，包括涉水开发与管理相关部门、机构、企业及人员缺乏对国际河流及其水资源特征与开发影响问题的充分认识，国际河流及水资源相关学科之间的综合基础研究薄弱，以及相关研究与基础信息对国家水资源开发战略规划的科技支撑不足等。

近二十多年来，在科学技术部、国家自然科学基金等的支持下，特别是在“十三五”国家重点研发计划“跨境水资源科学调控与利益共享研究”(2016YFA0601601)和国家自然科学基金国际合作重点项目“雅鲁藏布江-布拉马普特拉河跨境流域水资源脆弱性与水安全调控研究”(41661144044)的资助下，结合前期的研究基础、国内外近年来在本领域的研究成果以及当前跨境水资源开发利用与管理面临的理论与现实问题，确定本书的逻辑脉络为“国际河流水资源概念—国际河流分布—利用与管理主要问题—国际河流水资源权属—国际法原则—流域机构能力建设”，以明晰国际河流水资源利用与管理理论基础。其一，通过国内外对“国际河流”“国际性河流”“国际化河流”“跨境河流”“跨界河流”“international river”以及“transboundary waters”等相似概念的历史发展过程及内涵关系的梳理与辨识，对“国际河流水资源”概念的内涵与主题重新进行界定。其二，基于2015年联合国环境规划署等机构联合发布的全球国际河流数据，介绍全球、亚洲以及中国国际河流的分布情况，揭示国际河流水资源在全球、各地区及中国的重要性。其三，基于1820—2012年流域国家间签订的涉及国际河流水资源问题的国际条约/协定，在分析国际条约/协定所涉及的水问题在不同时期和地区的变化特征基础上，揭示不同时期和地区国际河流水资源利用与管理中的主要问题，为下册的国际河流水资源利用与管理目标及案例选择奠定基础。其四，针对国际河流水资源权属不清问题，从水资源分布、多目标利用及管理需求出发，在简要介绍中国及其他7个国家的国家水权制度建设情况的基础上，深入分析相关重要国际公约中主权国家对其境内“资源主权”的确认与相关原则规定情况，进而提出并明晰国际河流水资源的权属结构，为未来探讨相关流域国之间对国际河流水资源利用与管理权利义务关系奠定理论基础。其五，国际河流水资源是流域国之间的共享水资源，国际水法及其基本原则是协调相关国家间国际河流水资源开发利用关系的基本准则。为此，作者在参考大量国际水法研究成果的基础上，简要介绍国际水法发展过程产生的一些基本原则及内涵；同时也基于一个地理学者的角度，分析当前首个生效的国家间跨界水资源合作全球性法律框架国际公约——《国际水道非航行使用法公约》缔约国在国际河流上位置关系等，探讨该法对未来国际河流水资源利用与管理的影响力。其六，流域机构能够有效地推动流域国之间的合作、水资源的合作利用与管理、消除误解与冲突，是相关流域国之间信息交流、意见协商、利益协调的沟通平台。截至目前，我国缺乏与境外流域国建立正式流域机构及协作机制的经验。作者利用目前收集到的103个国际河流流域机构的基本信息，分析不同区域流域机构的合作目标、决策机制、秘书处及决策执行机构的职能建设等特征，探讨流域机构主要职能、各个部门设置与机构能力发挥间的关系，以此希望能够为我国未来流域机构建设提供一些可借鉴的经验与模式。总体上，本书以国际河流水资源利用和管理的制度与机制建设为主线，由浅入深地厘清了近年来受社会各界关注的国际河流水资源概念、利用与管理涉及的国家间权利与义务、国际法基本原则等，为国际河流水资源的利用与管理建立起一个较为清晰的理论框架，为我国国际河流水资源合理利用与合作管理提供科学支持。

目　录

Contents

第一章 绪　论

长期以来，作为重要研究对象的“国际河流”是指：在地理上跨越或形成国家边境的河流。国际河流有两种基本类型，其一，是流经两个或两个以上国家的河流，称为跨国河流，如亚洲的澜沧江-湄公河、雅鲁藏布江-布拉马普特拉河，欧洲的莱茵河、多瑙河，非洲的尼罗河、刚果河，北美洲的哥伦比亚河、科罗拉多河等；其二，是成为国家间边界的一部分，分隔两个或两个以上国家的河流(湖泊)，称为边界河流(湖泊)，简称界河(界湖)，如中国与朝鲜之间的鸭绿江、美国与墨西哥之间的格兰德河(北布拉沃河)、美国与加拿大之间的五大湖流域等。

“国际河流”对应的英文名词为“international river”。“international”作为形容词在牛津词典中的定义为“existing，occurring，or carried on between nations”，即存在、发生或进行在国家间的事物/事件等；多译为“国际的、国际性的、国际间的、世界(性)的、国际化(的)”等。可见，“international river”与“国际河流”之间没能实现内涵的唯一对应，中文的相应组合名词还有：国际性河流、国际化(的)河流。为此，作者力图将长期以来国内外文献中“国际河流”“international river”及其类似概念进行梳理，以明晰“国际河流”概念及内涵。

第一节　“国际河流”等概念在中文文献中的内涵及其发展

利用“中国知网(CNKI)”，查询到中国学者发表含“国际河流”“国际性河流”“国际化(的)河流”以及近年出现 “跨境河流”和“跨界河流”的相关文献共有近 6000 篇/份(表 1-1)，其中：①围绕“国际河流”产生的文献数量最多、文献出现时间最早。②在“国际河流”之后，相继出现了“国际性河流”和“国际化(的)河流”的概念或说法，但涉及这两个概念文献数量均相对较少，特别是“国际化河流”的文献极少。③近 20 年来，相近于“国际河流”概念的“跨境河流”和“跨界河流”的文献增加迅速，且已经在多个指标上超过“国际性河流”文献的数量。为此，我们对以上相关概念进行辨识，明确各概念的内涵及其差异。

表 1-1 “国际河流”相关文献数量与产生的最早时间

Table 1-1 The numbers of documents with “international river” and their earliest date

关键词	主题		篇名		关键词		摘要		全文	
	数量/篇	最早时间/年	数量/篇	最早时间/年	数量/篇	最早时间/年	数量/篇	最早时间/年	数量/篇	最早时间/年
国际河流	618	1956	157	1989	444	1956	432	1958	4423	1956
国际性河流	19	1982	1	2011	0	—	19	1982	375	1981
国际化河流	2	1983	0	—	0	—	2	1983	7	1983
跨境河流	29	1997	3	2003	16	2003	21	1997	267	1996
跨界河流	105	2001	27	2003	72	2001	77	2001	911	1991

一、“国际河流”和“国际化河流”等概念内涵及变化

以文献出现时间为序列，首先围绕“国际河流”“国际性河流”和“国际化(的)河流”3个概念查阅相关文献，明晰各个概念的内涵。须恺(1956)将中国分为11个主要水系，其中“西南国际河流”是“西藏南部和云南西部的几条巨大的国际河流”，并称“黑龙江为中苏国际河流”。梅汝璈先生(1956)建议学习国际时事的人士学习国际法，并列举了一些国际法名词：领土、主权、国际河流等。朱成章(1957)在讨论云南省水力资源开发时称：云南的4条河流(伊洛瓦底江、怒江、澜沧江和红河)是我国主要的国际河流，为国际水系；并提出这些河流开发时须考虑下游邻国的利益。中国人民大学马克思列宁主义基础系资料室(1958)称：莱茵河是西欧最著名的国际河流，流经瑞士、德意志、荷兰等国。另有多位学者称：多瑙河经德国、奥地利、捷克等流入黑海，是涉及众多国家的国际河流(黄元镇等，1958；支容，1958)。黄荣钦(1959)在介绍一个径流计算方法前，称苏联专家“是来帮助开发华东水利资源和规划中苏国际河流的”。李捷(1959)介绍了新中国成立10年后“分布于长江、黄河等各大流域与黑龙江、红河等国际河流区”的中国水利水电工程地质勘察工作。漆克昌(1960)在介绍中苏科学家合作考察黑龙江流域资源工作时称“黑龙江是一条国际河流”。国家水利电力部水文局站网处(1965)在规范水文年鉴审编刊印时要求“国际河流与国内河流的资料分开装订”。开山屯化学纤维厂检验科(1974)在说明该厂废水排放情况时称“图们江是流经中朝两国国境的国际河流”。北京师范大学地理环境保护科研组(1976)和里岗(1979)先后称“莱茵河是欧洲的一条国际河流。”伊万钦科(1980)在梳理联合国秘书处1963年的《国际法文献汇编》后认为：其包括了250多份涉及使用“不通航国际水域”

的协定，目的在于防止“国际河流”污染问题。王铁崖(1980)称“联合国国际法委员会正在讨论的关于国际河流的非航行用途，与科学技术发展有密切关系”。卡德尔(1982)分析伊犁河多年径流变化特征前，称“伊犁河是跨越中苏两国边境的国际河流”。三木本健治(1983)认为：国际河流有两种形式，一种是单纯地理意义上的，即流经两个或两个以上国家的领土或国境线上的河流；另一种是国际间对某一河流以条约形式规定共同规划、共同管理的国际化河流。盛愉(1986)在《现代国际水法的理论与实践》一文中应用了多个概念，包括国际河流(湖泊)、国际水系、国际水道、界河、多国河流和国际流域，相关的表述为：“分隔两个国家的国际河流称为界河。跨越两个以上国家的湖泊为国际湖泊。早期国际河流法的调整对象是界河和流经两个以上国家的多国河流。多瑙河是世界最重要的国际河流。欧洲国家关于国际河流签订了很多条约，主要内容是确定国际河流的划界和管理规则。随着国际河流的经济价值和生态价值提到一个新的高度，全球200多条国际河流和国际湖泊、地下水系统所构成的世界水系是一个完整的体系。”盛愉先生在对一些概念的渊源及含义进行梳理后认为：1815年的《维也纳大会最后规约》(Final Act of the Congress of Vienna，也译为《维也纳公会最后决议》)中的“国际河流”是指分隔或通过几个国家的可通航的河流；1919年的《凡尔赛和约》才正式使用“国际河流”一词；1921年的《国际性可航水道制度公约及规约》内的“国际水道”是指涉及国际利益的和可通航的水道，而不是泛指一般国际河流；1966年的《关于国际河流水资源利用的赫尔辛基规则》(简称《赫尔辛基规则》)内的“国际流域”概念是指跨越两个以上国家，在水系分水线范围内的整个地理区域，包括该区域内流向同一终点的地表水和地下水，扩大了国际河流所包括的范围，也突破了国际河流必须具有“可航性”这个基本条件；《维也纳大会最后规约》和《巴塞罗那公约》等在国际性水道上建立的航行自由原则是一个河流国际化进程。刘忠慧和王洪阁(1987)在讨论黑龙江省水能资源发展战略时，称“黑龙江属于中苏蒙三国界河”，提出“积极开发国际河流水能资源”。新疆水资源软科学课题研究组(1989)在提出“加速国际河流的流域规划和开发利用”时将流域上游在一国，而下游在另一国的称为国际河流。罗贤玉(1989)将“国际河流”定义为“形成国界或者连通几个国家的河流”。蔡守秋(1981)在《论国际环境法(续)》一文中采用了多个概念，包括：国际环境法有关于保护国际河流、国际海域等方面的规范；国际河流、湖泊保护法的对象主要是由两国或多国共有的国际河流和湖泊；国际河流的利用与各国利益有直接而重大的关系；全世界约有国际性河流200多条；大多数国际性流域的水质下降。周成虎(1992)在《谈国际河流的梯级开发》一文中提出了两个概念：其一为标题中的“国际河流”；其二为在正文中表述的“我国与毗邻的国家间分布着许多国际性河流”。邹克渊(1995)认为：根据河流所处的位置和流域的所涉及国家，可分为内河、界河、多国河流和国际河流。其中，界河是指分隔两个国家陆地领土的河流，并以此河为界；多国河流是指流经两个以上国家的河流；国际河流也是流经两个以上国家(和地区)的河流，但它与多国河流的区别在于：第一，船舶能够直接通航至海洋；第二，具有专门的国际条约确立平时航行自由的原则，而成为国际化河流。王海忠(1996)认为：国际合作应在国际性河流流域管理方面发挥重要作用；各国一直就国际性河流管理进行着谈判……有 200 多条河流流域属于一个以上的国家所有，世界上有 40%以上的人口生活在那些穿越国界的河流流域；当共同拥有一条河流流域的所有国家进行合作时，可能会找到管理国际性河流的方案。杨凯和徐启新(1999)翻译 Christine Drake 发表在 *Journal of Geography* 上的“Conflict of water resource in Middle East”一文时，将原文中的“international river basin”翻译为“国际性河流”和“国际性流域”。李正等(2013)在《图们江国际通航的合作困局及其应对策略》一文中也同时应用了“国际河流”和“国际性河流”两个概念，但“国际河流”的应用频次远高于“国际性河流”，并称图们江是一条自西南流向东北的国际性河流。1993—2013 年以“国际河流”为篇名的文献共 150 篇(占该类文献总数近 96%)，包括：自然科学期刊文献(常青，1993；朱德祥，1993；何大明等，1999；汤奇成和李丽娟，1999；冯彦等，2000；邓宏兵，2000；陈丽晖和曾尊固，2000；冯彦和何大明，2002；耿雷华等，2005；黄德春和许长新，2006；胡文俊和张捷斌，2009；李奔等，2010；郝少英，2011；唐霞等，2013)，人文科学期刊文献(贾琳，2008；王艺，2008；杨恕和沈晓晨，2009；马波，2010；邢鸿飞和王志坚，2010；陶蕾，2010；游晓晖和张树兴，2013；李正和陈才，2013；杨练，2013；申泽亮，2013)等。

由以上研究分析可见，“国际河流”“国际性河流”和“国际化河流”3 个概念之间的内涵及发展具有明显的差异，其主要特征表现为：①20 世纪 80 年代之前，除了无法确定梅汝璈先生文中“国际河流”在国际法中的含义之外，其他文献中“国际河流”仅指地理意义上的“流经不同国家之间的河流”，不仅其内涵单一、明确，而且没有出现其他类似概念或名词。②1980 年之后，与“国际河流”概念相关的名词表现出多样化特征，如“国际水域”“国际性河流”“国际化河流”“多国河流”等。其中有 3 篇文献对“国际河流”概念进行了新的定义，或是提出了一个新的概念——“国际化河流”。例如：三木本健治提出“国际河流”概念既包含了地理意义上的国际河流，又包括了国家间以条约形式共同管理的“国际化河流”。由于该篇文献是翻译文献，从其表述上看“国际化河流”不是一个新概念，而是将“国际河流”的内涵进行了扩充。而盛愉先生则定义了一个新“国际河流”概念。邹克渊将原地理概念上的“国际河流”定义为“多国河流”，将盛愉先生的“国际河流”定义为“国际化河流”。③从相关文献的表述和定义上看，“国际性河流”或者“国际性流域”均与大多数“国际河流”概念的内涵相同。

综上所述，对于“国际河流”来说，国内学者对其研究中产生了一些多样化的表述，其中在极少量的文献中对“国际河流”概念产生了差异性认识，这主要产生于国际法学专家与其他学者之间。但总体上，绝大多数学者对“国际河流”概念具有很高的一致性认识，即在绝大多数情况下，该概念主要是指：流经两国或两个以上国家的河流，包括河流、湖泊、水库、水域，以及与其地表水产生相互交换的地下水部分。

二、“跨境河流”与“跨界河流”概念内涵及变化

同样以时间为序列，围绕“跨境河流”概念查阅相关文献，以了解其相关含义。程适良(1997)首次将伊犁河支流特克斯河称为“跨境河流”。曾令锋(2003)将跨省/国境河流和形成共同省/国边界的河流统称为“跨境河流”。徐旌等(2005a、b)在称“跨境河流澜沧江”的同时，又产生以下描述：“澜沧江流出中国后称为湄公河，是东南亚最著名的国际河流。澜沧江-湄公河是一条集内河、界河、国际河流为一体的河流。”姜文来(2007)用“国际河流”来描述相关河流水资源的开发利用问题。高虎(2008)在定义“跨境河流指流经或分隔两个和两个以上国家的河流”后，用了大量“国际河流”概念。陈桂浓(2008)将跨越清远市与广州市之间的乐排河称为跨境河流。王姣妍和路京选(2009)称“伊犁河是流经中国-哈萨克斯坦的跨境河流”。雷晓辉等(2009)在介绍松辽流域时应用了 3 个名词：国际界河、跨境河流和国际河流。周德成等(2010)称“阿克苏河属典型的干旱区内陆跨境河流”。任东明和张庆分(2011)同时应用了“国际河流”和“跨境河流”来探讨藏东南水电能源开发问题，相关的描述和定义有：“作为我国主要河流和南亚主要国际河流的发源地和上游地区，西藏尤其是藏东南地区是未来我国水资源开发利用的核心地区，也是未来南亚国际河流水资源在国际分配中可能引发争议的焦点地区。”“跨境河流一般指流经或分隔两个和 2 个以上国家的河流。”韩啸(2011)应用“国际河流”和“国际跨境河流”来揭示中国面临的水资源问题，相关表述有：“中国正在兴建的南水北调工程，会不会把国际河流也囊括进去，从而导致下游国家断水？”吴淼等(2011)称“吉尔吉斯斯坦是中亚水资源最丰富的国家之一，多条大型跨境河流均发源于其境内”。杨晓萍(2012)应用“跨界河流”“跨境河流”“国际河流”“跨界水系”“跨境水资源”“跨界水资源”等多个概念来讨论中国与印度之间的水资源问题，相关表述为“跨界水资源指跨越不同地域的以湖泊、河流等形式存在的跨界水系，同时还包括以地下蓄水层中各类‘水库’形式存在的水资源。其中跨界河流，通常指天然水流经两个以上国家的河流，从类别上分为界河和跨境河流两种。”“中印间跨境河流除了雅鲁藏布江(印度称

布拉马普特拉河)外，还有其他国际河流多条。”谢永刚等(2013)较多地应用“国际河流”和少量的“跨境河流”概念探讨中国与俄罗斯之间界江界河的跨境水污染问题。胡孟春(2013)将“中哈跨境河流分为入境河流、出境河流与界河三种类型”。曾海鳌等(2013)称“额尔齐斯河、伊犁河是中哈两国之间的重要的跨境河流”。李奔等(2013)称“跨境河流涉及两个或多个国家，受自然属性和社会属性的双重影响较大，对中印之间的跨境河流管理需进行层次分析”。

以“跨界河流”为篇名、关键词和摘要对文献进行检索，来分析和了解中国学者对此概念内涵的认识。刘洪先(2001)与何京(2003)先后发表文章介绍为解决欧洲各国间跨国界河流(简称“跨界河流”)水污染问题的“欧洲的水管理框架”。李国刚(2003)一方面称“较大的跨界河流全世界有300条以上，约占陆地面积的50%”；另一方面称“对于跨国界或同一国家不同行政区划的流域，要满足不同利用者对河流的不同利用目标是非常困难的”。刘金吉(2003)、刘金吉等(2007)、金辰(2008)、王晓圆与贺永华(2013)、周勤(2013)等文献中所指的“跨界河流”为跨越一个国家不同行政区的河流。周杰清(2005)明确：界河是指以河流主流线划分国界及行政区划的河流，包括国际界河、省际界河、市际界河等5类；跨界河流是指穿越两国或两地区边界的河流，包括国际跨界河流、省际跨界河流等5类。郑占军和弓文亭(2006)利用“跨界河流”“跨国河流”“界河”概念，就2005年的松花江污染事件来探讨中俄之间对跨界水污染的解决方案。柴宁(2006)认为“跨界河流包括流经不同国家、省份和地区的河流”。杨攀科(2007)有用“国际跨界河流”等同于“国际河流”的意思。张健荣(2007)引用文献时出现了“跨界河流”的概念，而在阐述中国与哈萨克斯坦之间水资源利用问题时均用了“国际河流”的概念。王伟(2009)将发源于蒙古国后进入中国境内，流经呼伦贝尔市注入呼伦湖的克鲁伦河归属为“跨界河流”。朱刚强(2009)在分析乌拉圭和阿根廷之间就乌拉圭河上建纸浆厂的分歧时，将流经巴西、阿根廷和乌拉圭的乌拉圭河(其中下游段为乌拉圭和阿根廷之间的界河)表述为“跨界河流”。左其亭(2009)称“一条河流可能会跨越不同省份，甚至会跨越不同国家，这类跨越不同区域的河流称为跨界河流”。叶鹏飞和潘志林(2009)应用“跨界河流”和“跨界水体”名词来研究水污染问题，其中指定“跨界水体是指跨国界、跨各种行政管理区边界的河流、湖库、海洋等水体”。胡文俊等(2010)应用“国际河流”和“跨界河流”概念分析和揭示两河流域(幼发拉底河和底格里斯河)的用水纠纷问题。邓铭江(2012)和邓铭江等(2010，2011)将“跨界河流”定义为“指两个或以上国家之间的河流”,并分析了咸海流域、哈萨克斯坦跨界河流水资源问题。钟华平等(2011)应用“跨界河流”“国际河流”和“跨界国际河流”概念来揭示印度水资源开发利用与管理存在的问题，称“印度河、恒河、布拉马普特拉河和梅克(格)纳河均是跨界国际河流”“跨界国际河流水资源的开发利用在印度是一个突出问题，长期与邻国存在国际河流用水争端”。柯坚和高琪(2011)应用“国际性跨界河流”“跨界河流”和“国际河流”概念，称“澜沧江-湄公河是一条具有重要意义的国际性跨界河流”。余向勇等(2011)应用“中国界河流域”“跨国河流”和“跨界河流”概念，对中国东北地区的界河流域建立水环境风险识别技术体系。称“跨界河流，其水环境安全不仅是人民正常生产生活的保障，更是国际关系协调的基础”。刘春梅和薛丽(2011)、王玉明(2011)和彭盛华等(2011)将“跨界河流”确定为国家内部跨地方行政区域边界的河流。王俊峰和胡烨(2011)将伊犁河和额尔齐斯河等分别称为“跨境河流”和“国际河流”，又用“跨界河流”和“跨界水资源”来探讨中国与哈萨克斯坦之间的用水争端。国冬梅和张立(2011)利用“跨国界流域”“国际河流”和“跨界河流”概念来探讨上下游国家的用水权利和义务。姜蓓蕾等(2011)将“跨界河流”定义为“流经或分隔两个或两个以上国家的河流”，包括跨界河流和国际界河两类。卞锦宇等(2012)称“我国的跨界河流众多，与俄罗斯的跨界河流主要有黑龙江、图们江、绥芬河及额尔齐斯河-鄂毕河等。近年来跨界河流开发导致的国际纷争呈上升趋势”。黄锡生和峥嵘(2012)基于邓禾和黄世席“跨界河流是指流经两个或两个以上国家的河流。根据所处的位置和流经国家的数量，国际法学界将河流分为内河、界河、多国河流和国际河流。其中，内河是指从源头到河口全部位于一国境内的河流；界河是指流经两国之间，分割两国的陆地领土，并以此为国界的河流；多国河流是指流经两个或两个以上国家，只对沿岸国开放的河流；国际河流则是流经两个以上国家，对所有国家开放航行的河流”的观点，提出“跨界河流包含国际法上的界河、多国河流和国际河流”。董芳(2013)认为“跨界河流和界河都属于国际河流范畴。”“国际河流是流经两个或两个以上国家的跨国河流以及分隔两个国家的边界河流的统称，跨越或形成国家边境的河流均为国际河流”。

从以上围绕“跨境河流”和“跨界河流”为研究目标的文献内容上看，两个概念的相关含义表现出以下特征：①多数文献中的“跨境河流”和“跨界河流”多指国家间的河流；较多文献中出现了“跨境河流”“跨界河流”和“国际河流”混用的情况，形成了两个概念与前文中地理概念上“国际河流”内涵一致的特点。②有部分文献的“跨境河流”和“跨界河流”也指一个国家内跨越地方行政区域边界的河流，其中，以此为内涵的“跨界河流”文献所占比例明显高于用“跨境河流”表达此内涵的文献比例。③部分文献表现出将“国际界河(界河)”与“跨境河流”统称为“国际河流”，也有文献将“跨境河流”和“界河”简称为“跨境河流”。

综上所述，首先，“国际河流”概念和内涵在国内不同学科之间是存在差异的，但从文献数量及其所体现的概念内涵上来看，用“国际河流”概念来“指成为或跨越国家间边境(界)的河流”在国内学者之间形成了较为一致的认识。其次，近20年来，应用“跨界河流”或“跨境河流”概念来描述此类河流的学者及相关文献数量不断增加，但是，从《新华字典》中的释义来看，“境”与“界”之间是相互解释的，难以明确其区别。因此，我们无法确定“跨界河流”与“跨境河流”之间哪一个概念更为明确。其三，虽然目前我国一些行政部门或事业单位也在积极推崇将“国际河流”称为“跨界河流”(transboundary river)，力图更多地展示河流的自然属性，而减少“国际河流”名称的社会属性。但是从中文的用词习惯来说，“界”似乎比“境”的表达范围更为宽泛。如“边界”不仅可以用于表达国家间的边界，也可以表达省与省之间、市与市之间、县与县之间的边界等，即“省界”“县界”“乡界”等；但“边境”则多用于指国家之间的边境(界)，而较少用于指国家内部行政区域间边界。从这一点上来说，用“跨境河流”似乎比用“跨界河流”更能明确表达“国际河流”的概念。

参考1966年国际法协会(International Law Association，ILA)发布的《赫尔辛基规则》对“国际河流”的定义：国际河流的流域是指汇水范围内有两个及两个以上国家的地理区域，以及于2014年8月17日生效的联合国《国际水道非航行使用法公约》(Convention of the Law of the Non-Navigational Uses of International Watercourses)中对“国际水道”和“水道”的定义：国际水道是指其组成部分位于不同国家的水道；水道是指由地表水和地下水系统之间自然联系而构成的一个整体单元并且通常流入共同终点的系统，包括湖泊、水域以及与以上水体有直接水量交换的部分地下水系统。为此，本书作者将沿用“国际河流”概念来表达“地理上流经不同国家间的河流”，类型上包括跨国河流(transnational river)和国际界河，水域形态上包括河流、湖泊、水库等。

第二节　“international river”等在英文文献中的内涵及发展

一、“international river”概念内涵及变化

从以上中文文献中“国际河流”概念看，不同学科学者对其内涵存在一定差异，最大差异发生于国际法学者与其他学科学者之间，即国际河流是国家间可通航的、由国际条约确立了航行自由的河流，但在文献的梳理过程中并没有找到产生这一差异的渊源。为此，作者试图从外文文献中去寻找对应于“国际河流”的“international river”词源及内涵发展，以进一步明晰“国际河流”概念的科学性内涵。

基于以上认识，作者集中查询了中文文献中“国际河流”概念出现之前，即1950年之前与“international river”直接相关的英文文献，以确定“international river”

一词在文献中的定义，或者通过前后文关系认识该词的含义。Anon（1884）称：为推进自由贸易，西非联盟将正式登记所有欧洲势力进入西非河流（可通海河流）的权力；自由航行原则已无争议，否则非海岸国家会坚持为保护一条“international river”而收税。Armour 等（1896）在讨论圣约翰河（美国与加拿大之间的一条界河）美国一侧锯木厂排污对加拿大一侧渔业影响的处分权问题时，将该河称为“international river”。因为在此问题出现之前，1893 年加拿大新不伦瑞克省高级法院裁定：圣约翰河是一条“international river”，两岸渡口间对两国居民自由通行（Supreme Court of New Brunswick，1897）。美国国务院在讨论格兰德河（美国与墨西哥之间的一条界河）城市排污的影响和两岸居民灌溉用水权问题时，认为：美国埃尔帕索市将城市污染排污管网出口建在一条“international river”上，产生的污染会对对岸居民健康产生影响以及如果居于一条“international river”上游的人用水过多会剥夺下游地区已有的灌溉用水权（Department of State，1889，1895）。1889 年《美国与墨西哥之间的边界公约》将作为两国边界的“格兰德河和科罗拉多河”称为边界水域（boundary water）。Cameron（1890）认为：因为赞比西河至少有一个入海口，而且毫无疑问已经是一条“international river”，所以不应该否认葡萄牙进入该河的权利。《阿普顿年度百科和大事记》（1892）中记载：《刚果河总则》（the General Act of the Congo）规定在国际性非洲河流（international Africa rivers）中赞比西河和希雷河对所有国家的船只实行自由航行，而林波波河不是一条“international river”[①]。《和平了吗？英法谈判进展》一文中称：尼日尔河是一条“international stream”，所以法国有理由要求获得从该河的法国控制河段至河口的航行权；尼罗河与泰晤士河同样是一条“international river”；依据 1890 年《英德协定》允许德国进入赞比西河，因此赞比西河像尼日尔河一样是一条“international river”（The Fortnightly，1899）。Westlake（1904）称：1792 年《法国公约》的一项法令将斯海尔德（Schelde）河和默兹（Meuse）河向所有沿岸国开放；“international river”自由航行制度始于 19 世纪，1815 年维也纳公会（the Vienna Congress）及其《维也纳大会最后规约》[②]宣布欧洲“international river”不仅向所有沿岸国，而且向全球所有国家的商船实行自由航行原则；这一说法被 Vitányi（1975）称为：International river 是流经两个或更多国家领土的可航行河流[③]。Doyle（1904）在讨论南美河流航行制度建设时认为：依据国际法“international river”自由航行原则，委内瑞拉关闭苏利亚河（委内瑞拉和哥伦比亚之间的河流）入海河段的商业航行违反了该原则；需要将苏利亚河视为一条

---

① 原文为：“The Limpopo is not made an international river.”

② 条款原文为：“the rivers which，in their navigable course，separate or traverse different States”. Article 108，States “separated or traversed by the same navigable river.” while Article 109 provides that “the navigation of the rivers，along their whole course，referred to in the preceding article，from the point where each of them becomes navigable，to its mouth，shall be entirely free.”

③ 原文为：“An international river is a navigable river which flows through the territories of two or more states.”

“international river”并保证其枯季水深达到0.61米的可通航条件。Hyde(1910)将一条所有水道完全位于一个国家领土内的河流称为国家溪流(national stream)，并先后将位于两个或两个以上国家可航行的河流(river)称为国际溪流(international stream)、国际可航行河流(international navigable river)和国际河流(international river)。1919年《凡尔赛和约》(Treaty of Versailles)第331条[①]：易北(Elbe/Labe)河、奥得(Oder/Odra)河、尼门(Niemen)河和多瑙河的天然可通航河段“国际化”(international)，以及其第334条[②]：通航水道上的船只、旅客和货物的转运按照一般规定管理。当“international river”两岸完全位于一国内时，所运货物应密封或交海关托管。当该河成为界河时，过境货物和旅客应免除所有海关手续，如果船只装卸货物、旅客登船上岸必须在沿岸国指定港口进行(https://en.wikisource.org/)。Greyl(1919)和Chamberlain (1923)分别讨论了荷兰在其境内对自由通航河道的国际航行制度，以及多瑙河及莱茵河的国际制度的发展。Smith(1931)与Brown(1932)在探讨人口增长造成国际河流水资源需求增长问题时，通过收集大量案例，以寻求解决水权矛盾的思路。Hirsch(1956)在其文中称：流经一个国家以上的河流是国际性的[③]。联合国拉丁美洲经济委员会(Economic Commission for Latin America)在1944年讨论拉丁美洲国际河流流域开发问题之前，对“国际河流流域”含义进行了如下解释：仅指自然属性位于两个或两个以上国家边境上，或源于一个国家后跨越边境流入另一国家的河流或湖泊[④]。Laylin 和 Bianchi(1959)以拉努湖为例讨论“international rivers”水资源利用矛盾解决方式。Goldie(1959)在讨论“international rivers”水资源公平分配时将其称为“流经一个或更多国际边界的河流[⑤]”。

综上可见，“international river”一词的内涵在近一百多年中发生了巨大的变化。1930年之前，在绝大多数英文文献中围绕这个概念讨论的都是河流航行权问题，特别是在跨越多个国家河流的可航行河段上实现对所有国家商船建立自由航运制度的问题。因此，其含义与中文文献中“国际化河流”的内涵相同，主要是一个国际法概念。1930年之后，该词则更多地表达了地理上流经不同国家的河流

① 条款原文为：“The following rivers are declared international：the Elbe (Labe) from its confluence with the Vltava (Moldau)，and the Vltava (Moldau) from Prague；the Oder (Odra) from its confluence with the Oppa；the Niemen (Russstrom-Memel-Niemen) from Grodno；the Danube from Ulm；and all navigable parts of these river systems which naturally provide more than one State with access to the sea...”

② 条款原文为：“The transit of vessels，passengers and goods on these (navigable) waterways shall be effected in accordance with the general conditions prescribed for transit in Section I above.When the two banks of an international river are within the same State，goods in transit may be placed under seal or in the custody of customs agent. When the river forms a frontier，goods and passengers in transit shall be exempt from all customs formalities，the loading and unloading of goods，and the embarkation and disembarkation of passengers，shall only take place in the ports specified by the riparian State.”

③ 原文为：“rivers are international，flow through the territories of more than one state.”

④ 原文为：“international waters or river basins，allusion is intended only to the physical fact that the river or lake in question is on the boundary between two or more countries，or rises in one and flows across the frontier into the other，leaving aside the juridical implications.”

⑤ 原文为：“a river flowing across one or more inter-nation boundaries.”

概念，其内涵等同于大多数中文文献中所指的“国际河流”概念。为此，可以说，针对“国际河流”和“international river”国内外学者在其内涵的发展变化中呈现出一个相反的变化历程，即国内学者先形成了“国际河流”的地理学概念和内涵，之后才出现了国际法上的概念内涵；而国际机构及学者则先明确了国际法上的概念，之后再强调河流的地理学概念。

二、“transboundary waters”等相关概念应用与发展

针对近年来英文文献中大量出现的一些与“international river”及其水资源类似的新概念，如“transboundary waters”“transboundary river”“transboundary watercourse”“international watercourse”等，利用谷歌学术数据库，将以上部分常用概念作为文献主题进行查询，获得自1840—2015年的相关学术成果的数量变化(表1-2)，发现：①以“international river”为主题的文献在170多年间呈现持续增长的特征，特别是20世纪90年代中后期之后，每5年的文献增长量呈倍数级增长，表明该议题已经受到广泛关注。②以“transboundary waters”为主题的文献数量在20世纪80年代之前增长有限，但在此之后则以极快的速度增长，并于2005年之后超过了以“international river”为主题的文献数量，表明该概念已经得到普遍应用和认可。如联合国将2009年“世界水日”的主题定为“transboundary waters: sharing benefits, sharing responsibilities”，而且其中的“transboundary water”是指“作为一个整体的跨界河流、湖泊和内陆水体以及地下水；但不包括公海、领海和沿海水域”[①]；“transboundary”也用作“transnational”“trans-state”和“international”[②]。③以“transboundary river”为主题的文献产生于20世纪50年代，并于20世纪80年代开始呈较快的速度增长，与“transboundary waters”的文献数量呈现相同的变化特征；虽然该概念应用的普遍性没有“international river”和“transboundary waters”高，但其在国际上的认可程度仍在不断提高。④依据以上3个概念的主题文献数量在170多年的共同变化及其概念定义上看，3个概念的内涵基本重叠，围绕“international river”问题正在受到更为广泛的关注，而“international river”一词有逐步被“transboundary waters”或“transboundary river”替代的可能。

---

① 原文为：“The term ‘transboundary waters’ in this paper refers to transboundary rivers, lakes, inlandwater as a whole and aquifers; here, explicitly excluding open oceans, territorial seas and coastalwaters.”

② 原文为：“the terms ‘transnational’, ‘trans-state’ and ‘international’ are also used”.

表 1-2 1840—2015 年"international river"等概念的文献数量变化特征

Table 1-2 The numbers of literature related to "international river" in 1840-2015

时间段	international river (国际河流)	transboundary waters (跨境水资源)	transboundary river (跨境河流)
1840—1909 年	6	2	0
1910—1949 年	105	1	0
1950—1969 年	253	3	5
1970—1974 年	136	8	2
1975—1979 年	154	9	7
1980—1984 年	171	52	20
1985—1989 年	232	53	48
1990—1994 年	374	293	85
1995—1999 年	795	624	199
2000—2004 年	1730	1520	668
2005—2009 年	2890	3150	1420
2010—2015 年	4300	5350	2550

三、国际河流水资源再定义

"国际河流水资源"，顾名思义，即指国际河流内的水资源。1966 年《赫尔辛基规则》将其确定为"流入共同河道(国际河流)的地表水和地下水"，1992 年《跨境水道与国际湖泊保护和利用公约》定义的"跨境水资源"①是指"任何标识、跨越或位于两个及两个以上国家边界的地表和地下水"(American Society of International Law，1992；孔令杰和田向荣，2011)；1997 年《国际水道非航行使用法公约》中的"国际水道及其水"是指"国际水道中实际存容的水以及从中导出的水，包括存在自然联系的地表水和地下水系统"，在公约评注中将这个"系统"解释为"由不同的部分组成、水通过这些部分在地表和地下流动的水文系统。这些组成部分包括河流、湖泊、含水层、冰川、蓄水池和运河，只要这些组成部分相互关联就是水道的一部分。但'水道'不包括'封闭'地下水，即同任何地表水无关联的地下水"(United Nations，1997)。

综上所述，本书中"国际河流水资源"指国际河流、湖泊、水库等水域中的地表和地下水资源，也称为"跨境水资源"。但受研究领域所限，本书重点关注的是跨境地表水资源，包括在流域内与地表水之间产生自然交换并纳入地表水资源量计算的部分地下水资源。

① 原文为："transboundary waters" means any surface or ground waters which mark，cross or are located on boundaries between two or more States.

第二章 国际河流分布及水资源利用

第一节 全球国际河流分布

1978年联合国发布全球的国际河流数量为214条，之后由美国俄勒冈州立大学分别于1999年和2012年、联合国环境规划署(United Nations Environment Programme，UNEP)2015年利用地理信息系统(Geographic Information System，GIS)技术并结合区域边界的变化，将这个数字先后更新为261条、276条和286条(表2-1、附表一)。依照最新的国际河流数量、流域面积及涉及人口的统计与计算(表2-2)，发现：①全球国际河流流域面积占地球表面陆地面积的比例近46%，其中非洲、南美洲和欧洲的国际河流流域面积均超过了相关大洲陆地面积的50%，非洲甚至超过了60%。②欧洲、非洲和亚洲拥有大量的国际河流，特别是涉及3个及以上国家的国际河流；这3个洲的国际河流数量占全球总数的70%以上，是国际河流的主要分布区，其中欧洲国际河流数量就占全球的1/4，但欧洲国际河流的总流域面积却不到非洲和亚洲国际河流流域面积的1/3，说明欧洲国际河流数量虽然很多，但总体上河流较小。③依照《世界知识年鉴(2013/2014)》，计算各洲国际河流涉及国家占该洲国家和地区总数的比例(因南、北美洲的国际河流和涉及国家存在跨两个洲的情况，为避免统计错误，而将两个地区国际河流涉及国家数进行了合并计算)，全球共有151个国家和地区(约占全球232个国家和地区的65%)或多或少地与国际河流相关，其中欧、亚、非3个大洲有近80%或超过80%的国家和地区拥有国际河流，而国际河流数量较少的美洲地区的这一比例也接近50%，由此充分表明国际河流及其相关问题在全球具有普遍性和重要性。④国际河流流域内涉及全球近40%的人口，其中欧洲和非洲国际河流流域内涉及的人口比例较大，均超过该地区人口的50%；但就人口数量来说，亚洲所涉及的人口最多，接近15亿，其次是非洲，超过6亿；以上2个地区的人口和其国际河流流域内涉及人口占全球总人口(以2016年的70.57亿计算)和全球国际河流流域内人口比例均到达或接近75%，而且也是世界上人口增长最快的地区，未来的水资源可能面临更多、更复杂的问题。⑤比较发达地区(欧洲和北美洲)与发展中地区(亚洲、非洲和南美洲)的情况，发展中地区拥有近60%的国际河流、很大的流域面积和涉及大量的人口，特别是非洲和亚洲，涉及最多的人口、最大的流域面积、最多的国家和较多的河流数量。

表 2-1 不同年代统计的全球国际河流数量及区域分布

Table 2-1 The numbers of international rivers and the distribution

地区	国际河流数					
	1978*	1999**	2012***	2015****	2015年涉及3国及以上国家的河流	2015年涉及2国的河流
非洲	57	60	65	63	29	34
亚洲	40	53	58	67	25	42
欧洲	48	71	70	72	26	46
北美洲	33	39	43	45	3	42
南美洲	36	38	40	39	8	31
总计	214	261	276	286	91	195

来源：*United Nations，1978；** Wolf et al.，1999；***http://www.transboundarywaters.orst.edu/；**** UNEP & UNEP-DHI，2015。

表 2-2 国际河流数、涉及国家、流域面积及流域内人口分布情况

Table 2-2 The numbers of the international rivers，and with drainage areas and population in each continent and in the world

地区	国际河流/条	占国际河流总数比例	涉及国家/个	占各洲国家和地区数比例	流域面积/10^4km^2	占陆地面积比例	流域内人口/10^8	占各地人口比例
非洲	63	22.0%	49	86.0%	1902.3	63.4%	6.34	52.8%
亚洲	67	23.4%	38	79.2%	1813	41.2%	14.48	35.3%
欧洲	72	25.2%	39	84.8%	558.9	55.9%	4.04	54.6%
北美洲	45	15.7%	10	48.1%	880.1	36.7%	1.89	38.6%
南美洲	39	13.6%	15		1048.9	58.3%	1.42	37.4%
全球	286	100.0%	151	65.1%	6203.2	45.9%	28.17	39.9%

来源：UNEP & UNEP-DHI，2015。

第二节 亚洲国际河流分布

依据联合国环境规划署(UNEP)等机构(2015)发布的最新研究成果，亚洲共有国际河流67条，其中涉及3个及以上国家的河流25条(占其总数的37.3%)，涉及2个国家的河流42条。区内有38个国家和地区(其中大洋洲的巴布亚新几内亚与印度尼西亚之间涉及多条国际河流，而被纳入亚洲地区国际河流涉及的国家进行了统计）或多或少地位于国际河流流域内，国际河流流域面积约为 1813 万 km^2，是 5 大洲中仅次于非洲的第二大地区，其中有 20 条河流的流域面积超过 10 万 km^2（表 2-3）、有 6 条河流的流域面积超过 100 万 km^2；区内国际河流流域内人口约 14.5 亿，约占亚洲地区总人口的 35%，占全球国际河流流域内总人口的 50%以上。

表 2-3　流域面积超过 10 万平方公里的亚洲国际河流及相关流域国家

Table 2-3　The major international rivers with over 10 thousand square kilometers，and their riparian countries

序号	河流	相关流域国家	流域面积/万 km^2
1	额尔齐斯河-鄂毕河	中国、哈萨克斯坦、蒙古国、俄罗斯	304.2
2	叶尼塞河	蒙古国、俄罗斯	250.5
3	黑龙江-阿穆尔河	中国、朝鲜、蒙古国、俄罗斯	209.3
4	恒河-雅鲁藏布江/布拉马普特拉河-梅格纳河	孟加拉国、不丹、中国、印度、缅甸、尼泊尔	165.2
5	阿姆河-锡尔河-咸海	阿富汗、中国、哈萨克斯坦、吉尔吉斯斯坦、塔吉克斯坦、乌兹别克斯坦、土库曼斯坦	121.9
6	塔里木河	阿富汗、中国、哈萨克斯坦、吉尔吉斯斯坦、巴基斯坦、塔吉克斯坦、土库曼斯坦、乌兹别克斯坦	109.8
7	底格里斯河-幼发拉底河/阿拉伯河	伊朗、伊拉克、约旦、沙特阿拉伯、叙利亚、土耳其	86.8
8	森格藏布/狮泉河-印度河	阿富汗、中国、印度、尼泊尔、巴基斯坦	85.6
9	澜沧江-湄公河	中国、缅甸、老挝、泰国、柬埔寨、越南	77.3
10	伊犁河-巴尔喀什湖	中国、哈萨克斯坦、吉尔吉斯斯坦	41.5
11	赫尔曼德河	阿富汗、伊朗、巴基斯坦	40.3
12	珠江	中国、越南	40.1
13	独龙江-伊洛瓦底江	中国、印度、缅甸	37.5
14	怒江-萨尔温江	中国、缅甸、泰国	26.5
15	乌拉尔河	哈萨克斯坦、俄罗斯	21.2
16	库那河-阿拉斯河	亚美尼亚、阿塞拜疆、格鲁吉亚、伊朗、俄罗斯、土耳其	19
17	哈尔乌苏湖	中国、蒙古国、俄罗斯	18.7
18	元江-红河	中国、老挝、越南	14
19	哈里河	阿富汗、伊朗、土库曼斯坦	11.9
20	马什克尔河	阿富汗、伊朗、巴基斯坦	11.7

第三节 中国国际河流分布

同样，依据联合国环境规划署(UNEP)等机构(2015)的研究成果，并结合其他研究成果(何大明和冯彦，2006；刘昌明 等，2015)，中国国际河流基本情况为：①中国共有 19 条国际河流(UNEP 数据库没有记录额敏河-阿拉湖：由中国新疆流入哈萨克斯坦阿拉湖；可能已将其并入了伊犁河-巴尔喀什湖流域进行计算，因此，UNEP 记录的中国涉及的国际河流数为 18 条)，共涉及境外 23 个国家。国际河流流域面积约为 1267.8 万 km^2，流域内人口约 12.6 亿，其中中国境内流域面积超过 318.85 万 km^2，人口约 1.16 亿(表 2-4)。②中国国际河流集中分布于 3 个区域：东北、西北和西南，其中东北地区的国际河流主要为黑龙江-阿穆尔河、鸭绿江、图们江和绥芬河，西北地区主要为阿克苏河-塔里木河、伊犁河-巴尔喀什湖、额尔齐斯河-鄂毕河、乌伦古河、咸海、哈尔乌苏湖和喀敏河-阿拉湖，西南地区主要为北江-珠江、雅鲁藏布江-恒河-梅格纳河、怒江-萨尔温江、森格藏布-印度河、元江-红河、北仑河和澜沧江-湄公河。③19 条国际河流中 15 条河流主体上为跨境河流，其中仅 3 条河的主源源于境外国家，之后流入我国，它们是阿克苏河-塔里木河(源于吉尔吉斯斯坦)、伊犁河-巴尔喀什湖(主源特克斯河源于哈萨克斯坦)、乌伦古河(源于蒙古国)，其余 12 条河流均主要发源于中国而流向邻国；有 3 条河流(黑龙江-阿穆尔河、鸭绿江、图们江)主要为界河，均位于我国东北地区。④据 1997—2012 年的《中国水资源公报》，可计算出中国国际河流 15 年的年平均出境水量为 6851 亿 m^3，而同期的国际河流年平均入境水量仅为 224 亿 m^3，出境水量与入境水量分别占中国多年年平均河川径流总量的 24.5%和近 1%。

表 2-4 中国涉及的国际河流和流域国、境内流域面积及人口

Table 2-4 The international rivers，the riparian countries，drainage areas and population in China

河流名称		流域国家	流域面积/万 km^2		流域人口/百万	
境外干流名称	境内干流名称		全流域	中国境内	全流域	中国境内
阿克苏河(Aksu River)	塔里木河(Tarim)	阿富汗、中国、哈萨克斯坦、吉尔吉斯斯坦、塔吉克斯坦	109.8	104.8	10.3	10.1
阿穆尔河(Amur)	黑龙江(Heilong jiang River)	中国、朝鲜、蒙古国、俄罗斯	209.3	88.9	65.2	0.1
奇穷河/北江(Bei Jiang)	珠江(Zhujiang River)	中国、越南	40.1	39	77.1	76.0

续表

河流名称		流域国家	流域面积/万 km²		流域人口/百万	
境外干流名称	境内干流名称		全流域	中国境内	全流域	中国境内
恒河-布拉马普特拉河-梅格纳河(Ganges-Brahmaputra-Meghna)	雅鲁布藏布江(Yalu Zangbo River)	孟加拉国、不丹、中国、印度、缅甸、尼泊尔	165.2	31.8	704.2	1.9
萨尔温江(Salween)	怒江(Nu River)	中国、缅甸、泰国	26.5	13.7	7.9	3.7
印度河(Indus)	森格藏布/狮泉河(Shiquan River)	阿富汗、中国、印度、尼泊尔、巴基斯坦	85.6	8.2	189.9	0.0
红河(Red/Song Hong)	元江(Yuan River)-红河	中国、老挝、越南	14	7.5	17.9	7.0
巴尔喀什湖(Balkhash Lake)*	伊犁河(Ili River)	中国、哈萨克斯坦、吉尔吉斯斯坦	41.5	5.7	5.2	2.2
鄂毕河(Ob)	额尔齐斯河(Eerqisi River)	中国、哈萨克斯坦、蒙古国、俄罗斯	304.2	5	30.7	0.4
乌伦古河(Pu LunT' o)	乌伦古河(Wulungu River)	中国、蒙古国	4.9	3.9	0.1	0.1
鸭绿江(Yalu)	鸭绿江(Yalu)	中国、朝鲜	6.2	3.2	5.9	3.5
图们江(Tumen)	图们江(Tumen)	中国、朝鲜、俄罗斯	3.3	2.3	2.6	1.5
伊洛瓦底江(Irrawaddy)	独龙江(Dulong River)	中国、印度、缅甸	37.5	2.1	28.6	1.8
湄公河(Mekong)	澜沧江(Lancang River)	中国、缅甸、老挝、泰国、柬埔寨、越南	77.3	1.65	58.7	6.7
绥芬河(Sujfun)	绥芬河(Suifen River)	中国、俄罗斯	1.7	1	0.5	0.4
北仑河(Beilun)	北仑河(Beilun)	中国、越南	0.1	0.1	0.1	0.1
咸海(Aral Sea)		阿富汗、中国、哈萨克斯坦、吉尔吉斯斯坦、塔吉克斯坦、巴基斯坦、土库曼斯坦、乌兹别克斯坦	121.9	0	50.1	0.001
哈尔乌苏湖(Har Us Nuur)		中国、蒙古国、俄罗斯	18.7	0	0.3	0.001
		合计	1267.8	318.85	1255.242	115.67

来源：UNEP & UNEP-DHI，2015。*注：额敏河(中国)注入阿拉湖(哈萨克斯坦)可能被记入该流域。

第四节 国际河流水资源利用与管理的主要问题与发展

早在19世纪初，随着各国社会经济的发展，特别是欧洲经济的快速发展，国际河流利用问题逐渐受到重视，欧洲各国希望通过具有重要交通职能的大江大河能够摆脱国家疆界的制约，实现低成本的商业自由航运，从而推动国际河流的航运利用，开启国家间合作开发与管理国际河流的步伐，使得随之产生的跨境问题受到越来越多的关注。

基于美国俄勒冈州立大学(Oregon State University)的“国际淡水条约数据库”(International Freshwater Treaties Database)和俄勒冈大学(University of Oregon)的“世界环境协定”(International Environmental Agreements)数据库信息，利用数据库本身附带的协定文本、网上查询工具，剔除无英文文本、无明确信息以及目标广泛的国际性或区域性公约后，梳理出1820—2012年流域国家间就解决涉水问题的多边和双边国际条约/协定共548个，并归纳出近200年来国际河流水资源利用与管理目标共9个主题，分别为边界、捕鱼、防洪、水电开发、航行、水量、水质、合作和联合管理(图2-1)。

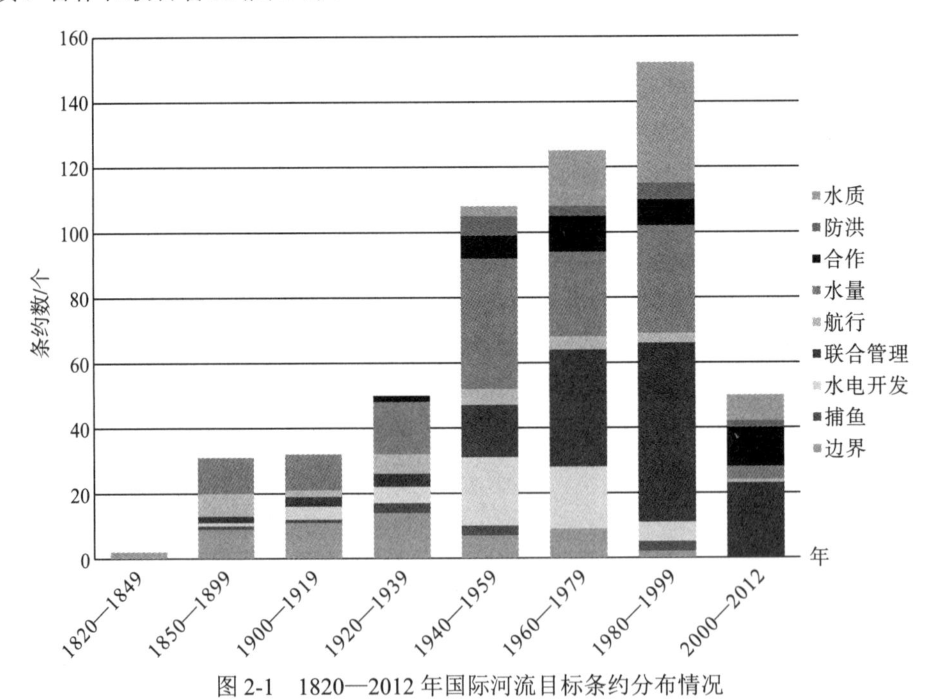

图2-1 1820—2012年国际河流目标条约分布情况

Fig. 2-1 The treaties with major topics in the international rivers signed in 1820-2012

从以上解决不同问题所签订的条约时间来看，国际河流上的主要问题及其发展特征表现为：①依据河流特征进行边界划定和边界管理是国际条约最早关注的国际河流问题，而国际河流的水质问题，包括流域生态及环境的综合管理问题最早在欧洲地区受到关注，并在欧洲和北美洲地区得到快速发展，目前已经成为国际河流的一个重点关注问题。②继国际河流边界问题之后，被关注的主要问题相继为水量、航行、捕鱼、联合管理和水电开发 5 个方面，其中水量和联合管理是国际河流管理中受到持续和重点关注的 2 大主要问题。③捕鱼问题，或者说国际河流或水域的渔业资源利用问题是很早开始受到关注的一个问题，发展至今，欧洲将该问题与流域水质和生态环境保护相结合，扩展为流域渔业资源和鱼类生境的保护，以维护该产业的可持续发展。④1924 年从欧洲开始，国际河流流域国之间签订了一些目标宽泛或者是意向性条约，包括开展信息交流、联合研究、技术援助、联合性工程建设甚至是设定合作领域的框架，显示出相关流域国开始对国际河流特定目标之外其他问题的关注，开始启动和推进相关问题的解决，这些条约的产生将会是未来实现联合管理和具体目标合作的基础。

从国际条约围绕不同主题所签订数量来看：①以水量和联合管理为核心主题的国际条约数量最多，占条约总量的 33%，成为国际河流水资源利用与管理的重点问题；其中对国际河流联合管理的条约数量从 20 世纪 60 年代开始已经超过水量的条约数量，而成为国际河流的核心问题，同时也表现出国际河流的管理已经实现从单一主体目标的协调向多目标综合管理的方向发展。②继水量和联合管理条约之后，条约数量较多地集中在水质、水电和边界问题 3 个方面，三者条约数量之和占条约总量的 32%，是国际河流管理的重要目标，其中在 20 世纪 80 年代之后水质条约签订数量还超过了水量条约数量，成为国际河流管理的第二重点问题。③以捕鱼、航行和防洪的管理和协调为主题的条约数量虽然不多，仅占条约总量的 10%，但其中的捕鱼和航行问题却是国际河流管理中受到较早且持续关注的主题。

随着河流用水目标的多样化，国际河流水条约也实现了从解决单一目标问题向主体目标协同附带目标的解决以及多目标共同解决的方向发展。体现在：①许多条约在开展水量分配利用时，同时考虑了解决相关流域国水电站用水、居民点供水、灌溉用水、维持航道水位以及稳定边界等问题。②后期的渔业协定不仅仅限于解决流域国之间渔民捕鱼行为及其区域的问题，还扩展到鱼类生境的保护，由此与流域水质、水情调节等问题相关。③数量不断增长的“联合管理”条约中，大多数除包括建立流域国之间的联合机构、确定其职责和共同原则之外，还包括了对各类水资源利用目标的管理，如对共同工程、水电开发和水污染物排放的监督和管理，对水量、水位和水流变化及航道的管理，以及对流域资源环境的综合管理等等，实现了对国际河流水资源利用的多目标协同管理。因此，在归纳国际河流水资源利用与管理主要目标及其发展特征时，有必要对相关复合目标进行一定的合并处理。

综上,如果综合考虑国际水条约在时间、数量和涉水目标的变化情况(图 2-2),国际河流水资源利用与管理的重要目标有以下变化特征:①边界、捕鱼及航行问题,虽然是流域国最早着手解决的问题,但发展到目前这类问题或者已经基本解决,或者在区域上发生变化,甚至已经融入其他相关问题,因此这类问题已经不再是国际河流上的重要问题。②水量调控所附带的供水(居民用水和灌溉用水)、水电开发、防洪乃至水道航行问题,自 1957 年至今一直是国际河流水资源利用与管理的关键问题,并且其重心已经由欧洲和北美洲向亚洲和非洲地区集中。③流域水质、水环境问题是第二次世界大战后才受到关注的问题,并在欧洲和北美洲地区发展迅速,且在 20 世纪 80 年代之后才影响到亚洲和非洲地区。从其发展速度和增长的数量上看,该问题已经成为国际河流的一个重要问题。④合作管理包括基础性合作和在专门机构推动下联合管理,与水量问题一样,经历长期的发展历程,实现了国际河流水资源单一利用目标合作向多目标管理与协同的发展,并于 20 世纪 80 年代之后超越水量和水质问题成为国际河流的核心问题。

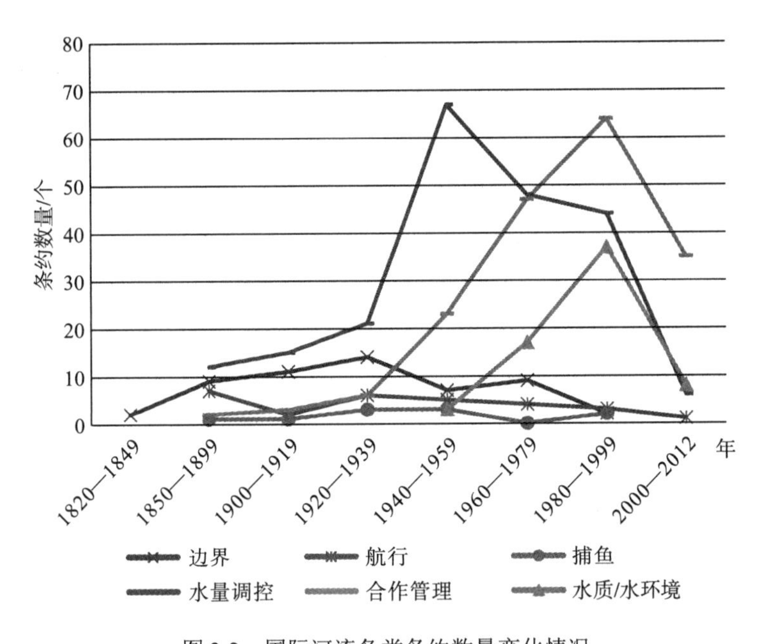

图 2-2 国际河流各类条约数量变化情况

Fig.2-2 The changes of the different types of the treaties in the international rivers

从以上分析结果看,受全球变化的影响,包括全球气候变化、地缘政治关系变化、流域水资源的时空格局变化以及区域可持续发展等,国际河流水资源利用与管理的核心问题将集中于流域水量分配与调控、流域生态环境或者说流域生态的保护以及流域多目标的协同管理及其机制建设。

第三章 国际河流水资源权属

第一节 水资源基本特征及其管理

一、水资源以及基本特征

水资源是维持人类生存与发展的一种基础性自然资源。所谓“自然资源”，1972年联合国环境计划署的定义为：在一定的时间和区域条件下，能够产生经济价值以提高人类当前和未来福祉的自然环境因素及条件的总称；《大英百科全书》的定义是：人类可以利用的自然生成物，以及形成这些物质的环境功能；《辞海》的定义是：天然存在的自然物质，不包括人类加工制造出来的原材料，如土地资源、矿产资源、水资源、生物资源等，是生产的原料来源和场所，随着社会生产力的提高和科学技术的发展，人类开发利用自然资源的广度和深度也在不断增加(蔡运龙，2002；刘成武 等，2002)。从以上定义看，人们对自然资源的理解与定义强调了三个方面的内容：其一，它是自然界形成的天然物质；其二，能够为人所用而产生经济价值；其三，被利用的可拓展性。由此，可以将自然资源概念概括为：在一定的经济技术条件下，在一定时空间范围内，能被人类开发利用，产生经济价值，以满足人类生存与发展需求的天然物质。

依照以上“自然资源”的概念，对应于“水资源”的定义则应该为：在现有经济技术条件下，在一定时空间内能被人类开发利用，用以满足人类生存与发展需求的，具有一定质与量的天然水体。1977年联合国教科文组织对“水资源”的定义为：水资源指可利用或有可能被利用的水源，该水源应具有足够的数量和可用的质量，并能够在某一地区为满足某种用途而可被利用(苏青 等，2001)。依据当前国际上的开发技术水平，水资源主要是指陆地上可供人类利用和生态系统利用的可更新和可恢复的河川径流量/淡水资源量，包括地表水和地下水。当然国际上有小部分国家和地区，由于淡水资源极为短缺，利用现代高科技技术，将海水进行脱盐以实现资源化利用，但此部分是否包括在“水资源”范围内，仍需要论证。

水资源作为一种基础性自然资源和战略性资源，是人类生存与发展中必需且不可替代的自然资源。水资源通过在自然界的循环为地球生态系统及人类的生存与发展提供服务，具有以下主要特征。

(1)流动性与可再生性。地球表层水汽通过蒸发—降水—径流形成一个庞大而复杂的水循环系统，包括海陆大循环，海海大循环、陆陆大循环等局地水循环。如此循环往复，形成了水资源的流动性与可再生性特征。即在一定的区域和时间内，水资源通过水循环系统，在不断地被消耗的同时也能够不断地得到补给与补充，此为水资源的可再生性；水资源还通过水循环，形成地表和地下径流，以分水岭为界，从海拔高的地区向海拔低的地区汇集与流动，形成了水资源在空间上和时间上的流动性或动态性特征。

(2)有限性。虽然水资源依据其循环特征通常被定义为可更新资源，但依据质量守恒定律水资源总量又是相对固定的。随着全球人口的增长，社会经济发展水平的提高，水资源的需求量与消耗量在不断增长，由此导致人均水资源量减少、水资源供需失衡、水资源开发利用成本不断增加等，进而在全球许多国家和地区出现水资源短缺和水资源竞争利用矛盾。以联合国等机构确定的国家缺水标准：人均年可利用水量低于 1700m^3，为有“水压力”国家，低于 1000m^3 为“水短缺”国家，低于 500m^3 为“严重缺水”国家(International Water Law Project，2015)。利用世界银行 2016 年发布的各国年可更新水量和年取水量数据、各国人口数据(Gleick et al.，2014；世界银行，2016)，可计算出世界各国的年人均可更新水资源量和用水量，发现世界许多国家面临水资源匮乏以及严峻的水资源短缺问题。例如，欧洲的荷兰，年人均水资源量为 653m^3，而其 2013 年的人均年用水量已达到 630m^3；亚洲的卡塔尔，年人均水资源量为 28m^3，但其人均水资源的年利用量为 203m^3，说明该国自身水资源严重不足，对外来水资源的依赖性很高。而与此同时，欧洲的芬兰，年人均水资源量接近 20000m^3，而人均年用水量仅为 299m^3；非洲的科特迪瓦，年人均水资源量接近 9000m^3，而人均年用水量仅为 100m^3；中国年人均水资源量 2046m^3，而人均年用水量为 456m^3。

(3)多用途性。淡水资源是地球陆地生态系统维持和人类社会经济发展的必需且不可替代的资源，被称为“生命的源泉、工业的血液、农业的命脉”(袁弘任等，2002)。可见，水资源不仅需要满足人类基本饮用水需求、生态系统维持良好动态平衡的需求，而且还要满足人类保证粮食安全的农业生产需求，以及工业、电力、输运、旅游和环境的需求等。水资源被广泛用于各行各业，即多用途性。以上各用水目标中大体可分为消耗性用水(如农业、工业和生活用水、生态系统维持用水等)和非消耗性用水(如航运、渔业、发电等)。随着全球人口的不断增长、社会经济发展水平的不断提高，各用水目标对水资源的需求量将会不断增长，在区域可利用水资源相对固定的情况下，各类用水目标之间，特别是消耗性用水目标之间将会呈现竞争用水的状况。例如，中国的黄河流域自 20 世纪 70 年代开始，受流域人口增长、灌溉面积扩大，以及工业、农业、生活用水总量的大幅增长和气候变化等因素的影响，1993—1995 年黄河流域水资源开发利用平均为 574 亿 m^3，与流域多年平均水资源量 580 亿 m^3 基本持平(高前兆 等，2002)。用水季节，特别是干旱年份，黄河两岸各省市竞相引水，造成下游河段频繁出现断流，其中 1997 年山东利津站断流累积天数达 226 天，1998 年发生跨年断流(杨志峰 等，2003)。对于国际河流跨境水资源来说，在水资源有限的流域中则会出现流域国之间的竞争用水问题。例如：涉及中东地区黎巴嫩、叙利亚、以色列和巴勒斯坦等国所处的约旦河流域，由于地处干旱区，流域水资源十分有限，加之流域内人口的增长以及流域水资源综合规划与管理的缺失，流域水资源压力不断增加，过去 40 年流域水资源在几个国家/地区间的分配成为流域国之间关系紧张的一个关键因素(Comair et al.，2012)。

(4)时空分布的不均匀性。水资源在自然界中具有一定的时空分布特征。地球上的水汽通过大气环流、季节性海陆热力、下垫面差异等，为地球各个区域提供了多少不一的降水，为在陆地表面生存与发展的生态系统和人类生产生活提供了必需的淡水资源，并形成汇流面积不一、水量大小不一的以流域为单元的水资源分布特征，即水资源的时空分布的不均匀性。例如，地处欧亚大陆东部的中国，大部分地区受到东南季风的影响，降水量在从东南向西北逐步减少，夏秋季多于冬春季，整体上形成了东南部河流水资源较西北部地区河流水资源丰富，沿海地区水资源多、西北水资源少，山区水资源多、平原水资源少，以及夏季河水较多、多发洪水，冬季河流水资源少的时空分布特征。再如，由西风漂流和副热带高气压带交替影响下地中海气候区，夏季火热而干燥、冬季则温和多雨，进而形成区域内河流冬季水资源丰富，而夏季水资源贫乏的分布特征。

(5)利害两重性。水资源的利害两重性是针对人类需求而言的。当水以一定的数量和质量满足人类开发利用需求时，为人类提供优质的饮用水，为农业提供丰沛的灌溉用水，为工业提供充足的供水，为旅游业提供美丽的景观水，而成为有益资源。当水在一定区域和时间内大大超过人类所需时，即水量过多时，如洪水，造成了淹没、泛滥乃至内涝；或者，当水量过少时，在一定区域内无法满足人类需求时，形成干旱，造成人畜饮用水困难、农业减少等；再或者，当水质下降甚至恶化，水污染严重，无法达到相关用水目标的水质要求甚至对生态系统平衡产生不良影响时，造成水质性缺水，而形成水灾害。

(6)经济性。当水可以为人类所利用时，水成为水资源。当水资源参与各用水行业的生产过程之后，成为其直接产品、间接产品或者生产材料时，水资源就产生了价值，成为一种经济资源甚至是一种商品，从而表现出水资源的经济性特征。当水资源充沛至可以满足所有用水目标需求时，其经济性特征表现不突出；但是，如果水资源无法满足所有用水目标需求时，或者无法以同一价值/成本为用水目标供水时，即水资源需求大于供给，甚至是水资源有限时，用水目标之间就会出现用水竞争，水资源供给就往往会在一定约束条件下从低经济价值的用水目标转向高经济价值的用水目标，从中表现出其经济价值特性。例如，目前中国北方地区，受人口增长、工业发展以及水资源有限的影响，出现农业用水向市政用水和工业用水转移的情况；城市居民生活用水收费时采用梯级水价方式等。

总体上，水在自然界中通过汽、液、固三态的转化与循环，实现以流域为单位的产—汇—流过程，在一定的水量和水质条件下成为能为人类所利用的可更新资源。但从物质的质量守恒定律与水量动态平衡来看，水资源在一定的时空范围内是有限的，不是“取之不尽，用之不竭”的资源。随着全球人口的增长、社会经济发展水平的提高，各类用水目标对水资源的需求量不断增加，水资源的经济性、有限性以及竞争性日益突显。为此，围绕水资源是一种经济商品(commodity)还是一种“公共物品”(commons)，是否可以采用市场规则实现其在各用水目标间的供需平衡，解决用水目标之间的竞争问题，近20多年来在国际社会各界开展了广泛讨论(Bakker，2010；Wodraska，2006；Hanemann，2005；MacDonnell，2004)。与此同时，2010年7月，以联合国大会决议(64/292)为代表的许多文件，认可了“获得水与卫生设施作为人权”的基本组成部分，承认每个人都有获得充足水资源以供个人和家庭使用的权利(每人每天50—100L)，水资源必须安全、可接受、价格合理(水费不应该超过家庭收入的3%)、容易获取(水源应在住所周围1000m以内，取水时间不应该超过30min)(United Nations，2010)，表明了水资源作为人类生存的基础性资源，即使其具有经济性和有限性，它也不可能成为一种“纯粹”的商品，通过市场规则在各个用水行业之间进行分配，它最多只能被视为一种“准”商品或产品，在管理规则与市场规则同时发挥作用的情况下实现交易。

基于以上结果，在全球气候变化、人类活动加剧的形势下，世界淡水日趋紧张，如何保证水资源的可持续利用，不仅仅是水资源开发利用的工程技术问题，更是水资源管理的问题。

二、水资源管理

水资源管理是指依据水资源的自然特征，结合社会经济发展需求特征，在保证生态及环境用水基本需求的情况下，运用法律、行政、经济及技术等手段，实现水资源的可持续利用与保护。

近年来，在流域水资源时空分布的统一性、完整性与独特性受到普遍认可的基础上，“以流域为单元的水资源管理”和“水资源综合管理”(Integrated Water Resource Management，IWRM)(格拉姆鲍夫 等，2010)模式被相继提出和推动实施。其中，水资源综合管理是在经济和社会福利公平、不损害生态系统可持续性的基础上，管理水、土地和相关资源的过程，具有可持续性、适应性、综合性、有效性和合理性 5 个基本特点，是一个系统的水资源管理方式。需要考虑环境、社会、人类和技术等因素，特别是这些因素之间的相互关系(俞超锋 等，2010)。

1. 国家水资源管理

赵宝璋(1994)对水资源管理的认识为：对水资源的开发、利用与保护进行相关的组织、协调、监督和调度，包括运用行政、法律、经济、技术和教育等手段，开发利用水资源和防治水旱灾害；协调水资源与社会经济发展之间的关系，制定和执行有关的水资源管理条例和法规；处理各地区、各部门间的用水矛盾；监督并限制各种不合理的水资源开发利用和危害水源的行为；制定水资源的合理分配方案，处理好防洪和兴利的调度原则，提出并执行对供水系统及水源工程的优化调度方案；对来水量变化及水质情况进行监测与相应措施的管理等。张立中(2006)对水资源管理概括为：水资源管理是指水行政主管部门运用法律、行政、经济、技术等手段，对水资源的分配、开发、利用、调度和保护进行管理，其作用是保证可持续地满足社会经济发展和改善环境对水的需求。

从以上观点可见，水资源管理是指在一个政治体制下，即一个国家范围内的治理行为，水资源作为一种公共资源/物品，其管理职责主要由政府承担。政府在实施其管理职责时，应用相关手段，协调规范水资源开发、利用与保护中相关者之间的各类社会关系，解决其间的矛盾，构成一个水资源开发、利用、保护的管理系统。其中包括以下手段。

(1)法律手段。针对水资源利用的多目标性和竞争性，为水资源利用和保护进行立法，通过司法程序，利用法律条款与规则来调整用水者之间的社会经济关系、调解和处理水事纠纷，包括水资源管理者的权利与职责，用水者的权利、义务与行为规范等。法律是由国家制定或认可的调整人们社会关系的行为规范。这种行为规范的对象是所有法律关系中主体，包括国家机关、企事业单位、其他社会组织和公民个人。法律规范区别于其他社会行为规范(如道德规范等)最基本的特征之一是由国家强制力保证实施的行为规范。国家通过执法机构的强制执行来实现法律的规范作用，对违反行为给予强制性制裁与惩罚，既可以起到警戒、威慑和预防作用，也可以提高人们的法治观念，从而增强法律的规范作用，起到稳定社会秩序的作用。以中国为例，截至 2017 年 7 月，涉水法律 4 部(《水土保持法》《水污染防治法》《水法》《防洪法》)、法政法规和法规性文件 22 部、部门规章 69 部(水利部，2017)。

(2)行政手段。行政管理是根据国家法律授权在其职权范围对相关公共事务的一种管理活动，是一个由多个环节和相关部门组成并运作的过程，制定政策并监督实施是一种重要方式。仍以中国为例，依照宪法和法律授权，中国管理国家行政事务的最高行政机关是国务院，国务院可制定和颁布国家级行政法规。国务院各部委可以根据法律和国务院的行政法规、决定、命令，在各自部门的权限范围内制定规章。行政手段是各级国家行政部门和政府利用这些具有一定权威性、强制性与规范性的法规规章，运用行政系统的力量实施强制执行的管理方式。对于水资源管理来说，水利部是国务院授权对水资源进行统一管理的机构，有权制定与颁布行政管理法规、与国家相关水法律法规相应的实施条例；颁布和推行水资源、水环境利用、保护和管理政策；制定和实施相关标准等。中国对水资源实行流域管理与地方行政相结合管理的方式。为此，中国的水资源行政管理形成了一个纵横交叉的管理结构，“纵向”上为水利部、流域水利委员会、省(区、市)水利厅、市(州)水利局和县(市、区、旗)水利局，在“横向”上为省、市、县水利部门。

(3)经济手段。经济手段是指运用财政援助、低息贷款和税收(如征收排污费、资源利用税等)经济制度，通过采用必要的金融和税收措施，引导和激励资源利用与排污者主动采取有利于提高资源利用效率、促进水资源有效利用与保护的措施。但从中可以发现所谓的“经济手段”，大多是以政府投入为主才能运行。因此，可以说经济手段其实是行政手段的一部分，是一种用收费、罚款等经济价值来调控的行政管理手段。

(4)技术手段。科学技术的快速发展，为水资源的勘测、规划、开发、调度及运行等提供了技术支撑，为水资源的高效管理提供了基本保障。例如：高坝大库建设技术的发展提高了区域供水能力及水资源的利用效率；信息技术不断发展为流域水资源规划、优化配置、水库的优化调度与运行等提供了科学支撑；“3S”技术的发展与应用，不仅使无资料地区和流域的水资源勘测、调查与规划成为可能，而且也为水资源管理提供了低成本、高效率的技术方法，等等。

2. 国际河流水资源管理

基于第一章中对“国际河流”及“国际河流水资源”认识，其中：国际河流是流经两个或两个以上国家(或地区)的河流，包括河流、湖泊、水库、水域，以及与其地表水产生相互交换的地下水部分；国际河流水资源指国际河流、湖泊、水库等水域中的地表和地下水资源，也称“跨境水资源”，以及上文对位于一个国家内的“水资源管理”的讨论，“国际河流水资源/跨境水资源管理”相对于“国家水资源管理”存在几个特征。

(1)管理的实施主体。由于国际河流的水资源流经两个或者两个以上的国家(或地区)，因此，负责对该水资源实施管理的管理者或者说管理主体则应该为相关的国家，即“流域国”(riparian state/country)。也就是说，国际河流水资源管理的主体将是两个或者两个以上的国家，而非“国内河流水资源管理”主体上的一个国家。那么，受到国家之间主权以及不同政治、经济、法律等因素的影响，国际河流水资源的管理整体上会表现出分割管理与联合管理两种形式。

(2)管理的对象。就水资源本身而言，无论是“国际河流”还是“国内河流”，被管理对象均是水资源及其具体开发利用与保护，管理对象是相同的；但从另一方面来说，由于国际河流流经的国家不同，流域的水资源特征不同，流域国的水资源利用目标不同。因此，国际河流的水资源管理多以流域为单元进行管理，这与国家水资源管理之间存在一定的差别。

(3)管理措施。将水视为公共物品时，国际河流的水资源管理与通常意义上的水资源管理措施是一致的，即法律、行政、技术等手段。但不同的在于：其一，在法律上，国际河流水资源管理不可能遵循任何单一流域国的法律，需要遵循的是相关国际法，包括国际公约、规则及相关流域国之间针对具体的国际河流而签订的双边或多边国际条约，如《国际水道非航行使用法公约》《印度河条约》《保护莱茵河公约》等。但众所周知的是国际法是一个“软法”，相对于国内法而言，由于没有法律的强制执行机构，使得其对国际法的调整主体，即国家的约束力有限，进而影响国际法的实施效力。其二，在行政管理机制上，国际河流水资源的管理也不可能由任何一个流域国独立承担管理职责，通常是由流域国之间建立联合机构并对其进行共同授权，由该机构承担相应的管理职能。其三，在技术手段上，受到流域国水资源开发利用技术和经济发展水平差异的影响，水资源管理中技术手段的应用通常会在流域国协商和确定管理标准的基础上，由各个流域国各自承担开发与监测工作等，或者由流域联合机构委托其他机构在流域内开展相关工作。同时，正如上文所说，国际社会正在全球推动应用水资源综合管理方法开展流域水资源的利用与管理，包括在国际河流流域内。其四，在经济措施方面，与国家水资源管理中采用经济手段鼓励或约束用水者的用水行为相比，跨境水资源管理中流域国之间难以利用类似的方法直接鼓励或约束其他流域国的水资源开发行为，而通常是针对具体的水资源开发项目，相关流域国之间通过投资、贷款、补偿以及承建等方式辅助推动水资源管理。

(4)管理的目标。随着世界经济的发展，水资源管理的目标早已超越了水资源开发利用中的供需管理、开发项目管理乃至水利设施的运行与管理等，向实现水资源的可持续利用发展。国际河流水资源管理的目标与此发展方向相同，并强调实现流域内水资源在流域国间的公平与合理利用，但在位于不同地区的国际河流之间存在差异，如北美和欧洲发达地区的国际河流水资源管理已经发展到以流域为单元的流域生态系统保护与管理上，而发展中地区以及发展滞后地区的国际河流水资源管理仍旧处于较低水平的水量供需管理方面。

综上所述，国际河流/跨境水资源的管理与国家水资源管理之间存在差异性，也存在一致性。其中，两者在水资源的管理对象及管理目标方面存在明显的相似性，但在水资源管理的实施主体、具体的管理措施方面存在明显的差异，跨境水资源的管理受到流域国家间政治、经济、法律乃至文化、外交关系等诸多方面因素的影响，难度更大、挑战性更强。

第二节　国家水资源管理中“水权”

一、中国的水权制度

受我国人口增长、社会经济快速发展以及水资源分布不均等影响，区域性与流域性缺水、水污染及水灾害频发，自20世纪90年代末开始，各界人士围绕“水权”问题在许多领域开展了讨论。利用百度学术，以“水权”为核心词对中文文献进行搜索，发现相关文献记录约23 400条，其中中文核心期刊论文近1000篇；相关文献涉及水利工程、经济学、法学、农业工程以及地理学等8个领域，其中水利工程类文献数量最多，其次是经济学和法学类文献，表明“水权”问题涉及领域多，但主要受到水利、经济和法学类专家们的关注。

进入21世纪后，国家先后在一些重要文件中提出中国“水权制度”建设问题。包括国务院在《关于2005年深化经济体制改革的意见》(国发〔2005〕9号)中要求：由水利部牵头研究建立国家水权制度，建立总量控制与定额管理相结合的用水管理制度，完善取水许可证制度。探索建立水权市场。在有条件的地区，实行用水权有偿转让，逐步利用市场机制优化配置水资源。2006年，第十届全国人大四次会议表决通过的《国民经济和社会发展第十一个五年规划纲要》的第二十五章第一节“加强水资源管理”中要求：建立国家初始水权分配制度和水权转让制度；《国民经济和社会发展第十二个五年规划纲要》(2011—2015年)第二十二章第二节“加强水资源节约”中提出“加强水权制度建设”，中国的水权制度建设进入了快速发展时期。

可见，中国的水权制度建设目标已经提出，但从中并没有看出对“水权”本身的解释或认识，而从许多学者在围绕该问题的著作中可以揭示其基本特征。

(1)水利界中的“水权”。汪恕诚(2000)认为：水权是水资源的所有权和使用权。高而坤(2010)认为：水权是水资源的所有权、使用权、收益权、处置权的总称；水法对水权作出三个层次(所有权、管理权和使用权)的明确规定。王浩(2014)认为：水资源的所有权是指国家、单位和个人对水资源依法享有的占有、使用、收益和处分的权利，是一种绝对的物权。中国水法明确规定水资源所有权为国家所有。水资源使用权是派生于水资源所有权，但又区别于水资源所有权的一种独立物权，是对水资源的使用权、获益权。水权制度建设是在水资源所有权为国家所有的基础上对水资源使用权进行管理与分配，即通过水权的明晰，增强对水资源有限性和水权财产性的认识，强化水资源的管理。水权制度包括水资源使用权确权登记、水权交易流转、相关制度建设等方面。初始水权的分配是水权制度整体实施的基础和先决条件，水权制度建立的核心是水资源使用权确权登记。水利部(2016)在其发布的《水权交易管理暂行办法》中将“水权”解释为：水权包括水资源的所有权和使用权；水权交易是指在合理界定和分配水资源使用权的基础上，通过市场机制实现水资源使用权在地区间、流域间、流域上下游、行业间、用水户间流转的行为。如果概括以上观点的话，那么“水权”就应该是：水资源的所有权和使用权。由于中国水法规定了水资源所有权属于国家，那么通常所说的水权即为水资源的使用权；而水资源收益权和处置权，则应该是派生于使用权之后的权利。

(2)法学界中的“水权”。崔建远(2002)认为：水权不包括水所有权，水权和水所有权是两种独立的权利类型；水权是准物权，是物权一种类型，并属于不动产权益。曹明德(2004)认为：水权是一种复合性权利，具有多层次性，既有大量属于私权范畴的内容，又带着不少与私权不同的公法色彩，所以，水权与传统民法中的物权不完全相同，是一种新型的准用益物权、准物权。黄锡生(2005)认为：水权属于物权，是一种私权，是除水资源所有权以外的其他水权，包括水使用权、取水权和水产品物权。裴丽萍(2007)将水权中的所有权排除后，提出“可交易水权”概念，并定义为：水权是法定的水资源的非所有人对水资源份额所享有的一种财产权，一种新型的用益物权，主要包括份额水权、配水量权和操作水权。邢鸿飞(2008)基于对水资源的生活功能、资源功能和环境功能特征，认为水权由宪法财产权或共用财产权以及民法财产权建成。张晓燕(2009)将水资源的所有权和用益物权作为水资源权属内容进行讨论，认为：水资源权属问题是物权的内容；水资源所有权属于国家，而水资源的用益物权被分配了法人、自然人和社团组织。陈文(2011)将“水资源权属”概念同等于“水权”概念，但又同时指出：水权是水资源产权的简称；广义的水权是指相关主体依法对水资源享有的所有权、监管权和使用权，包括以国家为主体依法对水资源享有的所有权，以国务院和地方各级政府为主体对水资源的监督管理权和以单位、个人为主体依法对特定水资源享有的占有、使用与收益权；狭义上的水权是指水资源的使用权和收益权。综合以上观点看，法学界对水权的主要认识集中于：水权不直接涉及水资源的所有权问题，而是应关注用水权及受益权问题，即水权是一个与物权、财产权相关的问题。

(3)经济学界的“水权”。肖国兴(2004)提出：中国的水权交易制度应体现水资源经济性特征；水资源的公共性和经济性可将其分成公水和私水，水权也就拥有了公共产权/开放产权和私人产权双重身份；水资源公共产权是公水所有权，在公水所有权上可设定私人产权，如用水权、取水权等，以便水资源利益的重新分配。傅晨(2002)认为：水权是水产权的简称，水权转让依据的基本理论就是产权理论，产权包括三个权利，即使用权、收益权和转让权，因此，水产权不是单项权利，而是一组权利，可以分为取水权、使用权、收益权、转让权等；水的所有权只是水产权的一种特定形态，即当水产权的全部权利未被分解而统一于一个主体时，才是水的所有权。沈满洪(2006)也认为：水权是水资源产权的简称；水权也就是水资源的所有权、占有权、支配权和使用权。王亚华与胡鞍钢(2001)认为：水资源的产权结构包括共有水权和私人水权，其中共有水权可分为国有水权、流域水权、区域水权和集体水权；水权包括使用权、收益权和转让权；明晰水权包括使用权的明晰、收益权的明晰并赋予转让权；明晰水权要赋予明确的产权主体。邢福俊(2001)认为：水权是水资源产权的简称；水资源产权包括几个权利，即所有权、使用权、收益权和转让权，其中，所有权是指水资源归谁所有的问题。田贵良与丁月梅(2016)认为：由于水资源产权制度不明确导致水资源利用效率低下；水资源权属管理应重点关注水资源的使用权，包括取水权。王晓娟等(2016)认为：水资源使用权，即水权。综合以上观点，多数经济学人士重点关注了水资源的可利用和可受益方面，为此，认为：水权，即水资源产权，包括水资源的所有权、使用权等一系列权利；可以依照水资源的公共性和经济性将其分解为共有水权和私人水权，以提高水资源的管理和利用效率。

综上所述，围绕中国的水权制度建设问题，不同学科人士在“水权”具体是“水资源所有权”、“水资源产权”还是“水资源权属”的简称，以及在水权的内涵上均存在观点差异。但总体上对水权的讨论，均是建立在我国《宪法》第 9 条“矿藏、水流、森林、山岭、草原、荒地、滩涂等自然资源，都属于国家所有，即全民所有”，《物权法》第 46 条“矿藏、水流、海域属于国家所有”，以及《水法》第 3 条“水资源属于国家所有。水资源的所有权由国务院代表国家行使。农村集体经济组织的水塘和由农村集体经济组织修建管理的水库中的水，归该农村集体组织使用”的基础上开展的。可见，我国的水资源所有权问题已经通过法律规定进行了明确，无须通过制度建设再进行具体确定，而需要通过制度建设进行明确的具体问题集中于：对属于国家所有，即全民所有，也即人人所有的水资源，所有权如何使用、如何分配。而对于物权、产权(财产权)中的经营权、收益权、处置权以及转让权等，作者认为均可视为使用权的外延部分。为此，目前被广泛关注的“中国水权制度”建设中的“水权”问题是水资源的使用权问题，水权制度建设问题即为水资源使用权分配与管理制度构建的问题。

二、英国的水权制度

在英国，对于持有取水许可证的用水户来说，是否拥有水资源所有权取决于所取用的水是河水还是地下水。依照英国法律，对于河流中的流动水资源来说，它是公共资源，没人能拥有该类水资源，其利用遵循河岸权/合理利用权原则。但对于位于一片土地下的地下水资源来说，该水资源归土地所有者所有。而取用水权或取用水许可的获得是基于以上水资源所有权制度上的，并可继承(Stern，2013)。

英国 2003 年修订的《水法》(Water Act)“取水许可”的条款中规定：取水许可分为3个类型，一是计划从一个供水水源地持续取水28天及以上的取水许可，称为“持续用水许可”(a full licence)；二是从一个供水水源地调水至另一个供水水源地或调水至同一水源地的另一个取水点(无论是地表水还是地下水)的许可证，称为“调水许可”；三是从一个供水水源地持续取水少于 28 天的取水许可，称为“临时用水许可”。该法对少量用水不需要申请许可，包括 24 小时内地表和地下水用水量不超过 $20m^3$，以及 24 小时内取水量超过 $20m^3$，但不属于持续用水的情况。

对于上文所说的毗邻河流、湖泊及沟渠的土地所有者的用水权问题，英国环境、食品和农村事务部于 2014 年发布了一个《河岸所有者权利与义务》指南，对河岸土地所有者所拥有的水资源权利和义务进行了明确的细化。在拥有权利方面，包括：在没有明确被其他人拥有的情况下，河岸权所有人的所有权界线至河段/水体的中心点；拥有流经其土地的河段及具有一定水量和水质的天然水流；有权采取措施保护自己的财产免受洪水和土地侵蚀的侵害，但采取的措施须经风险管理局同意；有权在其河段上捕鱼，但其前提是其捕鱼权没有被出售或出租，且获得了由环境、食品和农村事务部核准的有效钓鱼证(12 岁及以上人员)。在承担义务方面，包括：须让水流在没有任何阻碍、不被污染或不被引走的情况下流经其土地，即保证流经其土地上的河流维持自然的水量和水质状态，以免影响其他相关者的相应权利；须维护其所属河段的河床与河岸的自然状态，并清除河段内的阻碍物(无论是自然产生，还是人为产生)；保护土地不受洪水侵袭，不对鱼自由通行造成任何暂时或永久性阻碍；须接受洪水水流经过其土地，即使洪水的产生是下游行洪能力不足造成的，并且不能随意提高河段的排水能力等(Environment Agency，2014)。

综上所述，英国将水资源所有权分为两类，一是地表水的所有权属于国家，二是地下水的所有权归地表土地所有者，即私人所有。除少量用水外，水资源利用需要向政府部门申请用水许可证，无论是国家所有的地表水还是私人所有的地下水，即土地所有者有权利用水资源，但需要获得用水许可证；获得用水权的用水者需承担法定的维护义务。

三、美国的水权制度

美国是一个联邦制国家，各州拥有各自的司法权，有权规定如何用水、建立水权制度，由此形成了美国各州不同的水法以及不同水权管理特征。总体上，美国承认两种水权制度，东部州所遵循的“河岸水权”(riparian water rights)(简称“河岸权”)制度和大多西部州所遵循的“先占优先权”(prior appropriation water rights)制度。与此同时，美国还有一些州的水法将以上两种水权制度进行混合应用(Matthews，1984)，可以说是一种混合的水权制度。

具体地说，美国东部州，因水资源丰富而普遍沿用了英国普通法(common law)中的河岸权制度。其一，该制度认为水与空气、阳光一样是公共物品，它不应归属于任何政府、州或个人，是其从空中落入或流经土地的一部分。其二，为明确河岸权的施用范围，该制度将河流/水体分为可通航的公共水域和不可通航的私人水域两类。可通航水域下的土地属于州或联邦财产，受所有公共土地法律法规和多数州施行的公共信托管理权的约束；而不可通航河流/水体则属于私人财产，如果该河流或水体是财产所有者之间的边界，则该河流或水体则为共有权人的共同财产。其三，对于该制度的具体应用，一是公共权利的使用高于私人的河岸权使用，二是河岸所有者的水资源合理利用程度受限于下游河岸所有者获得水量和水质均不受减损的河岸权。因此，总体上，河岸权是指毗邻水体或水域的土地所有者有权使用水资源，或者说获得了土地所有权也就同时获得了流经其土地上的水资源使用权，但其利用应该是合理的且不过度影响下游有相应沿岸权人与之相同且平等的用水权利。另外，河岸权中的水资源使用权一般不得出售或转让，除非它与土地所有权一起进行出售或转让。

美国西部地区的州，由于气候干燥，水资源相对短缺，沿岸权制度造就的用水原则难以实用于西部少水地区，在逐步实践过程中创建了以“先占优先权”的水权制度。该水权制度，首先不与土地所有权挂钩，其次它可以被出售或抵押。该制度遵循“先来者优先”，即“时先权先”(first in time，first in right)原则，意味着对一个水源来说，先占有者优先获得权利，即先期对水资源进行“有益利用”的人拥有优先用水权(王小军和陈吉宁，2010)，而且有同样的用水目标和用水水量得到延续的权利，而希望利用同一水源的后来者仅有权利用前者所剩余的水资源，且不能影响前者的用水权利。

综合以上美国的水权制度，可以明确的核心问题为：美国的水权是指有益利用或引用水的权利(right to divert and use water beneficially)，有人将其称为“公共的水，私人的权”(Hurd，2003)。从其实质看，这一水权模糊了水的所有权问题，但非常明确的是用水权问题。美国将水权的应用归属于财产权范畴，分为公共水权和私人水权。其中，公共水权是指用于航运、渔业、娱乐休闲、科研及为满足河流/水体生态环境需求的水资源使用权，由政府部门负责管理；私人水权是指私人用水户依据各州水法所建立的水权制度申请获得用水权，各州政府依据当地水资源分布的实际情况、历史用水惯例及现行水权制度，对各类用水需要进行水资源使用权的分配。

四、澳大利亚的水权制度

澳大利亚也是联邦制国家，各州拥有相对独立的立法权与司法权，于是各州相继发布了自己的水法，规定水资源归州所有，水资源的利用由州政府依法在用水者之间进行调整和分配，即水资源使用权的分配。

澳大利亚的早期水权制度源于英国普通法原则，实行河岸权制度，仍然是与河道毗邻的土地所有者拥有用水权，可以继承。与美国西部地区一样，由于水资源相对缺乏，河岸权制度难以满足水资源利用需求的发展。为此，联邦政府逐步通过立法，将水权与土地所有权分离，政府通过向用水者发放用水许可证，向其授权可用水量，用水者由此获得水权。

自20世纪80年代以来，澳大利亚的水资源供需矛盾加剧，可授权发放的水量越来越少，新用水户已经很难通过申请获得水权，部分州的授权用水量甚至超过了可利用水量。为此，澳大利亚政府一方面着手推动水权交易、建立水权交易市场，以实现水权在用水户之间进行流动，提高水资源的利用效率；另一方面，通过研究和预测，确定流域最大可用水量，实现以供定需的用水模式，保证流域生态用水量，维护流域的生态平衡。

总体上，澳大利亚的水权制度有以下主要特征：水资源归州所有；州政府对河流地表水和地下水资源拥有使用与控制管理权；土地所有者对流经其土地的河流拥有维持家庭生活和畜禽饮用水的取用水权，无须申请，但其他取用水，需要进行用水申请，以获得水权。水权共三类，一是向具有灌溉和市政供水的水务公司、发电用水公司授予的大宗水权，二是授予用水户从河道、地下水或供水系统中直接取水以及河道内用水的权利，三是土地所有者所拥有利用流经其土地用于生活、灌溉和畜禽用水权。因此，水权是水资源使用权；水权可以通过拍卖的方式在用水户间进行交易；水权可以转让，可以临时性转让或永久性转让，可以全部转让或部分转让。

五、印度的水权制度

印度宪法赋予各邦拥有水资源立法权，包括各邦拥有就水资源供给、灌溉与运河、排水与筑堤、水库与水电、渔业方面的排他立法权，表明印度的水资源管理主要在各邦范围内实施，各邦政府成为水资源开发与管理的重要主体。

印度的水权是一个非常复杂的问题，自 20 世纪末期在相关法律法令中出现快速变化。第一，在概念、内涵上存在分歧甚至矛盾，如从对水的绝对权利和个人占用权到否定水所有/拥有权(ownership of water)以及承认水是一项基本人权；第二，对于水资源利用的原则与规定在国家法律、普遍法、习惯法、邦或中央直属地的特别法令以及高等法院判决中均存在不同；第三，对于每个邦来说，水管理不仅是邦的重要议题，而且水资源利用也是各邦构建其法律框架的重要组成部分。以上状况最终导致：在不同的邦法律框架中，水权原则仍旧在邦之间存在一些差异，进而使得印度缺乏一个总体的水法框架和水权制度；在实践中，在同一地区甚至出现不同的水源，如地下水和地表水利用，有不同水权应用规则。

根据印度宪法第 21 条，印度最高法院承认获得水资源的权利是生命权/人权的一部分。大量的法律、法规及法令等对水资源的利用进行了规定，包括将水资源利用权的管理授权给政府和个体用益权人，同时，大量的判决案例、政府声明等也涉及了水资源的利用。印度在水权是利用权而不是所有权(use rights rather than ownership rights)的共识基础上，承认两种水权制度：一是邦权(state control)，二是个人权(private control/rights)。对于邦权，无论是在印度的邦法律，还是案例法中，均明确了“邦拥有对公共水体利用的绝对管理权”。2004 年印度最高法院直接明确“邦是水资源的绝对管理者”。从 20 世纪 90 年代起，印度最高法院基于“公共信托”原则将邦的水资源管理权扩展至所有地表水甚至地下水，指出“邦是所有具有公共利益的自然资源受托人，依法实施对其的保护，自然资源的公共利益决定了其不能被私人所有”。但以上原则在实际应用中面临困难，如各个邦并没有将“邦是水资源的所有者”的原则补充到其法律中。对于“个人权”，在地表水方面，是指个人所获得的一系列权利，包括水的获得权、利用权或与水相关的资源利用权，如捕鱼权等。以上权利与土地所有权相关，依照印度从殖民时期延续下来的原则，获得水权的前提条件是获得土地。在诸多的实际案例中显示，土地所有者有权占用流经其土地的一定水流，其获得的水量是指土地所有权范围内河段的部分水流的用益权；土地所有者依据这一权利和用水目标(如灌溉)申请获得用水许可。从以上 “个人权”的内涵看，它通常与土地财产权相联系，而且这个权利不是对水的所有权，只是获得一定水量的利用权，其实际用水量受限于不同年份河流的实际可用水量。在地下水方面，是另外一种情况，在 20 世纪 90

年代末以前，《印度地役权法》(Indian Easement Act)(1882)基于地下水与其上土地直接联系，即拥有土地则拥有其地下部分的地下水，为此土地所有者拥有使用和处理其土地下所有地下水的地役权。近些年来，这一情况在印度几个邦有所改变，但地下水权的实质性改变很小(Cullet，2012)。

六、南非的水权制度

1910年，南非独立后，结合英国普通法、罗马-荷兰民法和非洲历史上的习惯法原则，制定了自己的水资源管理制度，如1912年颁布的《灌溉用水与保护法》(Irrigation and Conservation of Waters Act)，该法重新定义了“常规水量”与“剩余水量”、“公水”(public water)与“私水”(private water)的区别，并对灌溉用水进行了规定。之后，南非宪法规定“公民有权获得充足的水。国家在其权力范围内应采取合理的立法和其他措施，逐步保证公民该权利的实现”。1956年《水法》明确：国家对水资源拥有最终的控制权；国家对工业用水和地下水利用进行严格控制。

1998年南非在《国家水政策白皮书》中规定“国家政府被赋予对水资源具有最终管理职责”的基础上，废除了100多项水法令，重新颁布南非共和国《国家水法》(National Water Act)，第四章确立了“南非水资源利用的基本原则和相关法律要求”，“政府受权负责对国家水资源的可持续管理，造福于所有人”。并明确了：没有水所有权问题，只是水资源利用的授权问题(除了环境和基本的人类需求)；所有水资源通过水循环构成一个整体，是一个公共资源，其利用受国家统一管理；水资源的利用应该按照所有用水户都受益的方式进行分配，水资源分配利用时不应有歧视性，以实现水资源的可持续利用；灌溉用水中除了环境用水和满足人类基本需求用水之外，任何当前的水利用不具有永久使用权，所有的水利用授权均有时限；11类特别用水必须得到特别授权；废除“私水”概念，地表水与地下水在任何地方都处于同等地位；任何人获得用水许可都需满足相关要求(Francois，2017)。

《水服务法》(Water Services Act)(1997年颁布、2005年修订)明确了：每个人都有获得基本供水与基本卫生设施的权利；每个供水机构及部门需采取合理的措施使每个人获得这些权利；水作为一种公共物品，政府供水管理局有义务在其管辖区域内为所有消费者或潜在的消费者提供可承担的、经济的和持续的供水服务；任何机构在没有获得供水管理局许可的情况下不得提供供水服务。

南非现行的水权制度是在沿袭了历史用水制度的基础上，逐步建立起自己的水资源利用与管理制度，实现了水分配中的河岸权制度向用水许可证制度的改变。现行制度在很大程度上依照：河流属于国家，所有居民可以利用，但根据公共利益受托原则，国家实行对水资源的管理；水务和林业部部长负责保证水资源在公共利益中得以公平地分配和有益地利用，以及环境价值的保护；推动水资源的需求管理原则的应用。近年来，南非的水资源管理有从中央集权管理向分散管理方向发展，推进以流域为单位的水管理。

七、德国的水权制度

18 世纪和 19 世纪的德国对于水资源利用的管理着重于管理河流附近居民的水资源使用及分配方面，其水权制度接近于私法领域的物权法性质。进入 20 世纪后，随着各州水法/水利法的颁布，水资源管理的公法性质得到强化。

德国也是联邦制国家，各州在遵循德国《联邦水法》的原则下有权制定各自独立的水法。联邦德国《基本法》第 89 条规定：联邦国家是境内所有水道的所有者；联邦政府依据法律授权管理联邦水道；如果一个水道仅位于一个州境内，联邦政府可授权州政府对水道进行管理，如果一个水道涉及几个州，联邦政府可委托其中的一个州对水道进行管理；水道的开发、建设与管理中涉及土地与水，需与当地州达成协议(Federal Law Gazette，2014)。

德国的《联邦水法》(Federal Water Act)(1996 年颁布、2000 年修订)第一部分“普遍原则”中规定：拥有土地并不意味着在没有获得本法或州水法允许或批准时，利用水体和开发地表水；利用水需依法从管理当局获得许可或批准；用水许可或批准并没有授权任何人可以消耗一定数量和质量的水，因为这个用水许可不能影响与私法中授予的用水权，等等。

可见，德国的水权管理属于联邦和州，必须通过申请、获得许可或批准才能使用水资源。因此，水权即水资源的使用权，而非水资源的所有权；土地所有权与水权分离，土地所有者并非自然获得水权，即土地所有权人在未经申请许可或特许的情况下，无权对水资源加以使用，但少量用水或是河流附近居民的家庭用水可免予许可申请；水权禁止随意转让，唯有法律例外规定的情形才能转让。

八、日本的水权制度

日本的水资源管理主要由两个部门实施，即国土交通省。前者负责水资源的开发利用和水源地的保护，颁布了《水资源开发促进法》《水源地对策特别措施法》等法规，后者主要负责河流开发管理，颁布了包括《河川法》《河川法实施细则》等法律法规。日本水权制度散布于《河川法》和一些地方法规中。

日本有两种河川水权，一种是依据 1964 年的《河川法》，由河川管理者特许承认的许可水权(通常称水权)，另一种是在《河川法》之前历史上形成的惯例水权。1995年重新修订的《河川法》明确规定：江河属于国家，江河水流不得隶属于任何私人所有；任何人要使用河水都必须获得河川管理者的特许。新用水户需要用水时必须从河川管理者，即国土交通省获得许可才能用水，包括建设大坝、河堰等水利工程。

学者认为：这些条款规定的是用水者如何获得河水使用权，其间需要由河川管理者基于对公共物品的管理权，实现在用水户之间的河水使用权分配。为此，可以说用水者即将获得的水权也仅为使用权，而非所有权(片冈直树，2005；黄俊杰 等，2006)。惯例水权是在河川、湖泊或沼泽地指定取水口的取水权。拥有惯例水权的用水户需依照惯例用水。惯例水权在《土地改良法》(1949)之前属于当地灌溉组织，之后属于当地农民建立的合作组织。惯例水权包括从河川内取水以保证灌溉以及生活用水等。

从以上8个国家的水权制度现状看，无论国家法律是将水资源的所有权归属国家或全民，还是将水资源分为“公水”和“私水”，或者是将地表水视为公共资源而地下水属于私人财产，都承认是水资源所包含的公共利益。为此，水资源管理职责由国家或地方政府承担，通过法律、行政等手段建立相应的管理制度，如用水许可证审批制度，对水资源使用权进行合理的分配与管控，被称为水权、水资源权属分配，甚至水资源确权等，但其实质仍然是水资源利用权/使用权的合理配置问题。

第三节 国际河流水资源权属问题

一、国际河流水资源特征与流域国的资源主权

国际河流或跨境河流、跨境流域涉及两个或两个以上国家，其水流在流域自然单元内“自由”跨越国家间边界/边境而成为跨境水流、跨境水资源。对于跨越或位于国家间边界的自然资源，长期以来被视为国家间“共有或共享自然资源”。例如：UN-Water(2014)将“跨境水”(transboundary waters)称为“由两个或以上国家共享的含水层、湖泊和河流流域”(the aquifers，and lake and river basins shared by two or more countries)；联合国将2009年“世界水日”的主题确定为“跨境水：共享的水、共享的机遇”(transboundary waters：sharing benefits，sharing responsibilities)；以及联合国环境规划署于1978年通过的《指导各国养护及和谐利用两个或两个以上国家共有自然资源的环境方面行动守则》(Principles of Conduct for the Guidance of States in the Conservation and Harmonious Exploitation of Natural Resources Shared by Two or More States)(简称为《关于共有自然资源的

环境行为之原则》)中将两个或两个以上国家共同享有的某一自然资源称为“共有”自然资源。由此可见，国际河流跨境水资源具有明确的“共有”性质。

既然跨境水资源属于流域国之间的共有/共享水资源，那么流域各国在跨境共享水资源的开发利用中，无论其程度如何势必都会对水资源的自然状况产生影响，在河流上下游、左右岸国家间产生关联效应，进而引发流域国之间的资源主权、经济权利、生态/环境保护义务以及社会和政治关系等问题。水资源的有限性、多目标性、不可替代性、时空差异性，以及随着地球人口增长、水环境恶化，造成水资源竞争利用态势不断加剧，而流域国之间的跨境水资源竞争利用问题将尤为突出。国际法作为调整与处理国家间关系的国际法律体系，包括国际公约、国际惯例(或称国际习惯法)、双边或多边(区域性)条约和作为国际法渊源一些重要的国际宣言等，如一些重要国际组织、国际会议中产生的宣言、决议、议程等。它们通过国际法规则、原则的制定，明确国家在国际关系问题处理中的责权义，以预防、调整和解决国家间矛盾与冲突，在处理国际关系事务方面包括明确各国的资源权利、资源利用的国家间经济与行为关系等发挥着重要作用，如《联合国宪章》《关于共有自然资源的环境行为之原则》《关于自然资源之永久主权宣言》《各国经济权利和义务宪章》和《联合国人类环境会议的宣言》等。

1. 《联合国宪章》与《国际法原则宣言》

联合国是当今全球维护世界和平、处理国际关系最具权威的一个全球性国际组织。《联合国宪章》(the Charter of the United Nations)于 1945 年 10 月 24 日经联合国 5 个常任理事国及其他签字国过半数批准正式生效。《联合国宪章》是联合国的基本大法，它不仅确立了联合国的宗旨、原则和组织机构设置，而且规定了成员国的责任、权利和义务，以及处理国际关系、维护世界和平与安全的基本原则和方法。宪章中明确了联合国及其成员国应遵循的七项基本原则，包括：成员国主权平等；以和平方法解决国际争端；不得对别国使用武力或武力威胁；联合国对任何国家采取防止或强制性行动时，各国不得对该国提供协助；不得干涉任何国家国内管辖的事项等。

针对各国“主权平等”这一核心原则，1970 年联合国大会通过的《国际法原则宣言》(全称为《关于各国依联合国宪章建立友好关系及合作之国际法原则宣言》)(Declaration on the Principles of International Law)进一步明确了“主权平等”的 7 个要素：各国法律地位平等；每一国均享有充分主权之固有权利；每一国均有义务尊重其他国家之人格；国家之领土完整及政治独立不得侵犯；每一国均有权自由选择并发展其政治、社会、经济及文化制度；每一国均有责任充分并一秉诚意履行其国际义务；与其他国家和平共处。因此，“主权”是国家的根本属性，是国家的固有权力，表现为对内最高权、对外独立权和防止侵略的自卫权三个方面。其中，对内最高权，即国家对其领土内的人和物以及领土外的本国人实行管辖权，有权确定自己的政治和社会经济制度；对外独立权，即国家在国际关系上行使权利完全自主，排除任何外来干涉。简而言之，国家主权是一个国家对其管辖区域所拥有的至高无上的、排他的政治权力。主权行使中所指的“管理区域”即领土，通常由领陆、领水、领空和底土 4 个部分构成。

从以上《联合国宪章》和《国际法原则宣言》中所确定的国家主权、国家与国家间主权关系的相关原则看，国家领土内的水资源以及跨境水资源属于领土范围内的“物”，其利用与管理等问题与国家主权权利及行使紧密相关，是国家主权目标之一。

2. 《关于自由开发自然财富和自然资源的权利的决议》和《关于自然资源之永久主权宣言》

基于 1952 年联合国大会第 626(VII) 号决议《关于自由开发自然财富和自然资源的权利的决议》(Right to Exploit Freely Natural Wealth and Resources) 中所确定的“各国人民有自由地开发其天然财富和资源的权利，此乃他们主权的固有内容”，1962 年 12 月 14 日联合国大会通过了《关于自然资源之永久主权宣言》(Declaration on the Permanent Sovereignty over Natural Resources)，宣布“各民族和各国有行使其对自然财富与资源之永久主权”，“各国必须根据主权平等原则，互相尊重，以促进各民族及国家自由有利行使其对自然资源之主权”。从该宣言的主题名称——“自然资源之永久主权”，就可认识到国际社会对国家对领土内自然资源所拥有的主权权利的承认，这一权利是国家主权、领土主权的组成部分，并应得到其他国家的尊重。领土是“一国主权支配下的地球的确定部分”，是指“国家所有的土地”(王铁崖，1993)，是国家行使最高权力、排他权力的空间范围(梁淑英，1997)。为此，“领土主权”是指“国家在其领土内行使的最高的、排他的权力”(韩德培，1992)，几乎等同于国家主权概念；《奥本海国际法》中将其称为“属地权威”(詹宁斯，瓦茨，1998)。基于以上认识，国家对领土的最高排他权表现为国家对其领土的所有权和管辖权。领土所有权，即国家对其领土及领土内自然资源所具有的占有、使用、收益和处置的权力，国家基于这种领土所有权，有权充分利用它的领土资源，在领土内自由开展各种活动，包括允许外国或外国人进行活动。领土管辖权是指国家的属地管辖权，是国家行使主权的地域，即国家对其领土和在其领土范围内的一切人、物(包括领土本身)和发生事件进行管辖的权力，亦称属地管辖权或属地优越权。国家的属地管辖权、属地最高权或属地优越权是国家专属的、排他的权力，体现了国家在其领土上可以充分地、独立地和不受干扰地行使国家统治权，排除一切外来的参与、竞争和干涉的特征。

从该宣言对国家与自然资源关系的原则规定看，明确了：水资源作为每个主权国家的主要自然资源，国家对其拥有占有权和管辖权，有占有、使用、受益和处置等系列权力，而且是专属的、排他的权力。国家对自然资源有资源主权，对水资源则有水资源主权。

3. 《各国经济权利和义务宪章》

《各国经济权利和义务宪章》(Charter of Economic Rights and Duties of States)是1974年12月12日由联合国大会通过的，其目的是为了系统调整国际经济关系、实现国际合作而建立普遍适用的准则。在此宪章中也对“自然资源主权”“共有自然资源的开发”等做出了规定。例如：每个国家对其全部财富、自然资源和经济活动享有充分的永久主权，包括拥有权、使用权和处置权在内，并得自由行使此项主权(第二章第二条)；对于二国或二国以上所共有的自然资源的开发，各国应合作采用一种报道和事前协商的制度，以谋对此种资源作最适当的利用，而不损及其他国家的合法利益(第二章第三条)；所有国家有责任保证，在其管辖和控制范围内的任何活动不对别国的环境或本国管辖范围以外地区的环境造成损害。所有国家应进行合作，拟订环境领域的国际准则和规章(第三章第三十条)。

该宪章中明确提出了国家间的“共有”自然资源问题，与此同时提出了相关国家间对于“共有”自然资源的利用与协商的原则，基本明确了国家间在“共有”自然资源开发利用上的相互权利与责任关系，即国家对自然资源享有永久主权；国家间对“共有”自然资源的利用应合作协商，以确定最适当地利用，不损害他国的合法利益，并对所产生的环境损害负有责任。

4. 《关于共有自然资源的环境行为之原则》

《关于共有自然资源的环境行为之原则》，是由联合国环境规划署(UNEP)于1978年5月19日通过的。该原则的目标是在环境方面指导各国养护及和谐利用两个或两个以上国家共有的自然资源，并鼓励共同享有某一自然资源的国家在环境方面进行合作。

该原则对相关国家处理共有自然资源的利用及环境问题进行了具体规定，部分守则大致内容如下：

(1)关于两个或两个以上国家共有自然资源的养护及和谐利用，各国有必要在环境方面合作。因此，各国必须按照公平利用共有自然资源的原则进行合作，以谋求控制、防止、减少或消除此种资源的利用可能引起的不利环境影响。这种合作必须在平等基础上进行，而且必须顾及各有关国家的主权、权利和利益(守则1)。

(2)为了保证在养护及和谐利用两个或两个以上国家共有自然资源时在环境方面进行有效国际合作起见，此种自然资源的有关国家应该设法订立双边或多边协定，以便作出具体规定或安排……应当考虑成立体制机构，例如国际联合委员会，以便做保护和使用共有自然资源方面就环境问题进行协商(守则 2)。

(3)按照《联合国宪章》和国际法原则，各国有依照其本国的环境政策开发其资源的主权权利，同时也有责任，保证在他们管辖或控制范围以内的各种活动不致损害其他国家的或本国管理范围以外地区的环境……每个国家必须尽量避免和减少：对环境造成损害，从而影响到另一个共有国家对此资源的利用；对一种共有再生资源的养护造成威胁；危害另一国家的居民的健康(守则 3)。

(4)各国应在切实可行的范围内，就这种资源的环境问题经常交换情报和进行协商(守则 5)。

(5)同一个或一个以上其他国家共有一种自然资源的有下列义务：在资源的养护或利用方面准备进行新计划或改变计划时可能会对其他国家领土的环境产生重大影响时，应将计划适当内容事先通知其他国家；并对其他国家提出请求，就上述计划进行协商，且提供其他具体的适当资料等(守则 6)。

(6)关于共有自然资源的情报交换、通知、协商等其他方式的合作……都应避免任何不合理的迟延(守则 7)。

(7)各国有义务在下列情况时向可能受影响的其他国家发出紧急通知：由于利用一种共有自然资源而可能对他们的环境造成突然有害影响的紧急情况；可能影响这些国家的环境而与共有自然资源有关的突发严重自然事件(守则 9 第 1 款)。

(8)各国有责任在环境方面履行关于养护和利用共有自然资源的国际义务，如因违反此种义务而在其管理范围以外地区造成环境损害时，应依照适用的国际法负担责任。关于各国利用共有自然资源引起的环境损害和对其管辖范围以外地区造成的环境损害，应合作制订有关这种责任和受害者赔偿的进一步国际法(守则 12)。

联合国环境规划署在联合国《各国经济权利和义务宪章》基础上，将两个及两个以上国家间“共有”自然资源利用、可能产生的环境和相互的责任关系问题在本《原则》中进行了细化。其中，值得关注的内容包括：在重申各相关国家拥有利用其资源的主权权利的同时，提出了各国应尽量避免和减少跨境损害，包括对其他国家和领土外环境的损害的责任；提出共有自然资源应公平/和谐利用，并在国家间进行合作，包括通过签订国际协定、建立机构、交换信息、即时通报等；提出相关各国对共有自然资源负有保护和适当利用的义务，并认为各国对违反该义务而造成对环境或他国的有害影响将负有国际法责任，包括赔偿责任。

5. 《联合国人类环境会议的宣言》

1972年6月5—16日，联合国在瑞典首都斯德哥尔摩举行第一次人类环境会议，通过了《联合国人类环境会议的宣言》(United Nations Declaration of Human Environment)(以下简称《人类环境宣言》)，并提出将每年的6月5日定为“世界环境日”。该宣言是会议的主要成果，阐明了113个与会国和国际组织1300多名代表取得的7个共同观点和26项原则，用于指导世界各国人民保护和改善人类环境。宣言称：保护和改善人类环境是各国政府的责任；人类赖以生存的生态环境已受到污染、危害甚至于破坏；发展中国家必须致力于发展，但须保护环境；人类改善环境的能力与日俱增；人类必须利用知识在同自然协调的情况下建设一个较好的环境；许多环境问题是区域性或全球性的，要求国与国间的合作、采取联合行动以谋求人类的共同利益。

《人类环境宣言》明确了以下与资源环境利用与保护的相关原则：各国有按自己的环境政策开发自己资源的主权；有责任保证在其管辖或控制之内的活动，不致损害其他国家的或在国家管理范围以外地区的环境(第21条)；各国应进行合作，以进一步发展与其管辖或控制之内的活动对管辖以外的环境造成的污染和其他环境损害的受害者承担责任和赔偿问题的国际法(第22条)；在不影响国家自决权的原则下，必须考虑环境标准在各国的现行价值标准/制度和社会代价下的可行性程度(第23条)；有关保护和改善环境的国际问题应当由所有的国家，不论其大小，在平等的基础上本着合作精神加以处理，必须通过多边或双边的安排或其他合适途径的合作，在正当地考虑所有国家的主权和利益的情况下，防止、消灭或减少和有效地控制各方面的行动所造成的对环境的有害影响(第24条)，等等。

比较《人类环境宣言》与《关于共有自然资源的环境行为之原则》的发布时间和内容，可以发现一个明显特征：《人类环境宣言》的发布时间在先，而《关于共有自然资源的环境行为之原则》中的条款却与《人类环境宣言》中的内容存在许多相似之处，说明《关于共有自然资源的环境行为之原则》明显继承了《人类环境宣言》的内容，使得联合国第一次人类环境会议上形成的共识被发展为国际法原则。此外，也在一定程度上说明当今世界上一些重要国际组织、国际会议上产生的共识与观点可以成为国际法的一类渊源。

6. 《关于环境与发展的里约宣言》

为纪念斯德哥尔摩第一次人类环境会议召开20周年，1992年联合国在巴西的里约热内卢召开环境与发展会议，又称“地球会议”。大会共有180多个国家/地区和60多个国际组织的代表、100多个国家元首或政府首脑参加，是继第一次人类环境会议后，规模最大、级别最高的一次国际大会。会议力图以 1972 年《人类环境宣言》、1987 年世界环境与发展委员会发布的《我们共同的未来》中“可持续发展”概念为基础，敦促各国政府和公众采取措施合作防止环境污染、遏制生态恶化，为保护人类生存环境而共同努力。会议通过了包括 27 项无约束力的《关于环境与发展的里约宣言》(Rio Declaration on Environment and Development)，也称《地球宪章》(Earth Charter)(以下简称《里约宣言》)，《21 世纪议程》和《关于森林问题的原则声明》；154 个国家签署了《气候变化框架公约》、148 个国家签署了《生物多样性公约》(United Nations，1992)。

《里约宣言》在坚持“可持续发展”思想的基础上，认识到和平、发展与环境之间的相互依存性与不可分割性，指出世界各国之间应该在环境保护与发展领域加强国际合作，为在各个层面(国家、社会关键部门及人民)间建立一个新的、公平的全球伙伴关系而努力。《里约宣言》围绕环境与发展提出了一些指导原则，包括：各国根据《联合国宪章》和国际法原则，拥有按照本国的环境与发展政策开发本国自然资源的主权权利，并有责任保证在其管辖范围内或在其控制下的活动不对其他国家或在各国管辖范围以外地区的环境造成损害(原则 2)；各国和各国人民应该在消除贫穷这个基本任务方面进行合作(原则 5)；环境与发展领域的国际行动应符合各国的利益和需要，应特别优先考虑发展中国家的特殊情况和需要(原则 6)；各国应本着全球伙伴关系的精神进行合作，以维持、保护和恢复地球生态系统的健康和完整。各国对全球环境退化负有共同的但是又有差别的责任(原则 7)；各国的环境标准、管理目标和重点应该反映其适用的环境与发展范围。一些国家所实施的标准可能对别的国家，特别是发展中国家是不合适的，甚至造成不必要的经济和社会成本(原则 11)；解决跨越国界或全球性环境问题的措施应尽可能以国际协调一致为基础(原则 12)；各国应进行合作，以制定关于在其管辖或控制范围内的活动对在其管辖外的地区造成环境损害的不利影响的责任和赔偿的国际法律(原则 13)；各国应将可能对他国环境产生突发的有害影响的任何自然灾害或其他紧急情况立即通知这些国家(原则 18)；各国应事先和及时地将可能具有重大不利跨国界的环境影响的活动向可能受到影响的国家提供通知和信息，并应在早期阶段真诚地与这些国家进行磋商(原则 19)；各国应按照《联合国宪章》采取适当方法和平地解决一切的环境争端(原则 26)。

如果将以上原则与跨境水资源问题相联系的话，可以看到：《里约宣言》在重申国家对其自然资源利用的主权权利、承担跨境损害国际责任、制定国际法的基础上，关注经济发展问题，特别是贫困问题，强调发展与环境领域的国际合作与协调、各国在全球环境退化中的共同而又有差异的责任，细化跨境环境影响的合作内容，包括对紧急情况的通报与通知、信息交流、诚意磋商等。

7.《变革我们的世界：2030年可持续发展议程》

2015年9月25—27日“联合国可持续发展峰会”在纽约联合国总部召开，会议通过了一个由193个会员国共同达成的文件，即《变革我们的世界：2030年可持续发展议程》(Transforming Our World: The 2030 Agenda for Sustainable Development)(外交部，2016；United Nations，2015)，并于2016年1月1日生效。该议程是一个为人类、地球和世界繁荣而制订的新行动计划，包括了17项可持续发展目标和169项具体目标，体现了世界各国间的整体性与不可分割性，兼顾了可持续发展的三个方面：经济、社会和环境。决心保护和可持续利用海洋、淡水资源以及森林、山地和旱地，保护生物多样性、生态系统和野生动植物。促进可持续旅游，解决缺水和水污染问题，加强在荒漠化、沙尘暴、土地退化和干旱问题上的合作，加强灾后恢复能力和减少灾害风险。提高水和能源的使用效率；明确了全球2030年的发展目标：消除贫困与饥饿，消除各个国家内和各个国家之间的不平等，永久保护地球及其自然资源。重申每个国家对其财富、自然资源和经济活动拥有充分永久主权，并应该自由行使这一主权。

新议程中涉及水资源利用与管理包括目标6和目标15及其相关具体目标。内容如下：为所有人提供水和环境卫生，并对其进行可持续管理(目标6)。其具体目标包括：人人普遍和公平获得安全和负担得起的饮用水；大幅提高用水效率，确保可持续取用和供应淡水，以解决缺水问题，大幅减少缺水人数；进行水资源综合管理，包括酌情开展跨境合作；保护和恢复与水有关的生态系统，包括山地、森林、湿地、河流、地下含水层和湖泊。保护、恢复和促进可持续利用陆地生态系统，可持续管理森林，防治荒漠化，制止和扭转土地退化，遏制生物多样性的丧失(目标15)。其具体目标包括：保护、恢复和可持续利用陆地和内陆的淡水生态系统及其服务，特别是森林、湿地、山麓和旱地；防治荒漠化，恢复退化的土地和土壤，包括受荒漠化、干旱和洪涝影响的土地；保护山地生态系统，减少自然栖息地的退化，遏制生物多样性的丧失，防止引入外来入侵物种并大幅减少其对土地和水域生态系统的影响。

从以上国际法以及国际法渊源中所明确，或规定，或产生的规则、原则、目标等来看，基本明确了两个问题：一是明确国家的资源主权问题，即国家对其管辖范围内的自然资源拥有所有权和管辖权，有占有、使用、受益和处置等系列权力，而且是专属的、排他的最高权力，并且国家可以自由行使此主权。二是对于共有自然资源，国家应公平、适当、和谐利用，且在利用中不损害他国合法利益及他国环境或本国之外的环境。

如果将以上两个概念延伸到对国际河流跨境水资源的认识，那么国际河流流域内相关流域国对跨境水资源所拥有的相关权利就可以被解释为以下几个方面。

其一，水资源作为每个主权国家的主要自然资源，国家对其拥有主权，即所有权和管辖权，有占有、使用、受益和处置等系列权力，而且是专属的、排他的权力，即资源主权。

其二，跨境水资源是相关流域国之间的共有资源，各国拥有合理利用的权利，以及保证其利用不应对其他流域国的利用权或环境造成损害。

其三，跨境水资源的利用与保护需要流域国之间通过国际合作、协商，尽可能达成一致，实现最佳利用与持续保护。国际合作包括签订国际协定、建立联合机构、交换信息、即时通报、诚意磋商等，如对可能产生重大影响的事件(包括人为或自然事件)向可能受影响的国家进行紧急通告。

其四，各流域国如因违反养护和适当利用共有的跨境水资源义务，而造成对其管理范围以外地区的环境损害时，应依照适用的国际法承担责任，或合作制订有关这种责任和赔偿的国际法。

二、国际河流水资源权属理论

从以上由联合国及其下属机构主导制定的相关国际法和国际宣言中所形成的国家资源主权原则和共有自然资源的适当利用原则，可以明显地看到其中的差异：从国家对其自然资源的主权的确认，到国家对共有自然资源的公平利用责任的认识，可以说其中蕴含着从资源的所有权、管辖权向资源利用权的变化。

从国际河流水资源在相关流域国家之间的“自然”流动特征看，纯粹的“水资源主权”原则是无法解决国际河流流域国之间可能出现的水资源供给不足、跨境污染、流域生态系统维护等问题。其中最根本的原因在于如果各流域国均强调自己的“资源主权”，就切断了跨境水资源自然跨境而将相关流域国紧密连接在一起的基本特征，造成流域各国在行使其主权权利时可能出现的相互对立、相互排斥，出现国家间水竞争甚至跨境水的“零和”局面。其一，主权概念产生于16世纪欧洲，指“各国君主在特定领土内”的最高权力(王幼英，1999)，可见其权力是存在于一定的地域空间内，即有一定的地理“边界”；其二，随着区域与全球化的发展，各国间社会经济信息交往的日趋频繁，国家间相互依存、相互影响关系不断增强，主权的边界效应产生了广泛的扩展(杨成，2003)；其三，随着国际法的发展，可以看到的是“资源主权”虽然被赋予了一个永久和固有的排他权，但主权的行使过程也被赋予了“保护自然、保护环境以及不造成境外损害”义务，或者说对主权行使的限制(龚向前，2014；刘卫先，2013)。随着资源主权内涵的不断丰富与发展，国际河流水资源中所涉及的权属问题也从关注主权中的所有权与管辖权向关注经济权、发展权、生态权、环境权乃至人权方面发展，以有利于跨境共享水资源的合理利用、跨境水污染的控制和跨境生态维护。在此过程中，国际河流水资源主要权属理论包括以下几个方面。

1. 绝对领土主权论

“绝对领土主权”(absolute territorial sovereignty)理论基于国家对领土范围内资源的所有权与最高管辖权，认为在此主权权利之下允许任何一个流域国在其国家边界范围内不受限制地利用国际河流/跨境水道的水资源，而无须考虑其利用行为可能在下游其他国家产生的任何结果(Rieu-Clarke et al.，2012)。简而言之，该理论坚持了国际河流上游国完全自由行事的论点。

该理论源于 1895 年美国和墨西哥之间因里奥格兰德河(北布拉沃河)(Rio Grande)(发源于美国，其中中下游河段为美国与墨西哥之间的界河)水资源利用矛盾。墨西哥认为美国科罗拉多州和新墨西哥州的引水灌溉造成墨西哥供水量严重减少，为此向美国政府提出抗议，墨西哥宣称其拥有合法使用格兰德河水的权利是“无可争议的，其水利用比科罗拉多州的居民早几百年”。于是，美国国务卿要求美国司法部长贾德森·哈蒙(Judson Harmon)就对美国是否违反了国际法中墨西哥权利提出法律意见。1896 年哈蒙对此的回复为“国际法的基本原则是每一个国家在其领土内拥有绝对的、排他的主权，并且各国可以依据自己的实际情况在其领土内充分且完全地行使这一权利，而无须遵守其他法律；国际法规则、原则和判例对美国没有附加任何责任或义务”。为此，哈蒙建议政府就美国造成格兰德河在墨西哥境内流量大量减少不负担任何责任。可见，他否认了美国在自己领土内使用格兰德河水资源应受到国际法原则相关义务的限制，即这种水资源使用可能会导致墨西哥下游地区产生负面效应(McCaffrey，2007)。哈蒙的这一观点被普遍视为上游国在国际法下有权单方面在其境内河段完全自由行事，无视相关行为对下游的影响。

这一水权理论对上游国有利，往往受到上游国的欢迎，但因其忽视了其他一些下游国家在绝对领土主权的基础上，对于自然流过其领土的水同样具有的权利，而遭到下游国家的强烈反对。该理论实际上也违背了源于古罗马谚语“行使自己的权利不得损害别人”“使用自己的财产不应损害他人的财产”的国际惯例，以及“一国在自己领土上不应采取损害他国的行为”的国际法原则。该理论为此很难实施，也难以得到广泛的认可。该理论后来被简称为“哈蒙主义”(Harmon Doctrine)。

2. 绝对领土完整论

“绝对领土完整”(absolute territorial integrity)理论认为，国际河流的任一流域国有权要求拥有/获得流入该国领土内同样数量和同样质量的河水。其实质是，上游国无权利用任何可能影响流入下游国家领土的自然水流，即下游国有权阻止上游国的任何将影响入境水流天然状况的水利用，又称为“自然水流”或“天然河流”理论。该论点源于对“主权不受干扰”的理解，主张任何流域国(通常是指上游国)在任何情况下都不得改变国际河流水流的自然状态，否则就是对下游国领土完整性的侵犯，因为水资源是国家领土的主要组成部分。这一理论实施起来同样非常困难，因为任何上游国对跨境水资源的利用，无论大小、强弱，均会造成进入下游国的水流在质与量、时间与空间上的变化，即改变了流入下游国水资源“天然”性状，也即影响了下游国领土的完整性，从而出现上游国对下游国主权的干预，这将同时意味着上游国就不能有任何形式的水利用。

可见，该理论与“绝对领土主权”之间的核心论点完全相反，它可以被下游国用于阻止上游国改变自然水流的水利用，主张下游国对来自上游国的河水享有连续、不受干扰及纯天然状态的权利。它在总体上体现了下游国“只有权利没有义务”而上游国“只有义务没有权利”的特征。如果照此理论进行实践，将意味着：一方面，国际河流的中上游河段的水流必须保持天然状态，只有处于最下游的流域国才有可能对其境内河段水资源进行利用；另一方面，严重影响上中游国家对其境内河段的水资源利用，因为在通常情况下下游地区地势平坦，水土资源易于开发，于是下游地区的水资源利用先于中上游地区，下游社会经济发展水平也可能高于上中游地区，而上游水资源的后利用，首先可能会对下游先利用目标产生影响甚至损害，其次会受到来自下游国的多重压力。为此，该理论只能或仅能受到下游流域国，特别最下游流域国的支持，而遭到广泛的中上游国家的反对，在实际情况中是难以得到实践的。

无论是“绝对领土主权论”还是“绝对领土完整论”，均是对“领土主权”“极端”或者说是“过度”地阐释，忽视了主权国家之间的相互依存和相互影响关系。它们仅能成为一个外交辞令，在相关国家达成对各方都满意的妥协协议之前，各自为了获得谈判主动权、提高自身的谈判地位时采用的一种谈判技巧(Nardini et al.，2008)，难以实践和应用。为此，以上两种跨境水资源权属理论都未获得广泛认可。

3. 有限领土主权理论

“有限领土主权”(limited territorial sovereignty)理论认为，所有流域国均享有平等使用共享水资源的权利，并必须尊重其他流域国的主权及相关权利，即不得损害其公平利用的权利(Rieu-Clarke et al.，2005)。可见，该理论观点是“绝对领土主权”和“绝对领土完整”理论的折中与平衡，希望得到广泛接受。

发生于1856年荷兰与比利时之间的默兹河(Meuse)用水争端是应用这一理论的案例之一。该案例中，荷兰认为比利时通过坎帕内运河(Campine Canal)将默兹河河水引走的行为会降低河流通航能力、增加洪水风险而形成危害。提出“默兹河是荷兰和比利时共同的河流，双方自然均有权利用该河水资源，但任何一方都必须避免任何可能损害另一方的行为”。换句话说，它们都不应该将自己视为该河河水的主人，随意将水引走以满足自身需要，无论用于航运还是灌溉。两国于1863年和1873年通过签订两个条约最终解决了该用水争端。这是上游国承认下游国拥有相关法律权利的众多案例之一。

“有限领土主权论”试图调和跨境利益冲突，以实现各流域国在跨境水资源利用的利益最大化和受损最小化。该理论最大的优点在于：同时承认了上游国和下游国的权利，认为每一个流域国有权在其境内通过有益的水利用实现对跨境水资源的合理公平地共享，同时有义务坚持不剥夺其他流域国享有公平合理地利用跨境水资源的权利。从该理论的国际法依据看，其依据国家“主权平等”和“公平互利”的国际法原则，在国际河流的跨境水资源利用中既承认各国均拥有利用其境内河段水资源的主权权利，又强调各国行使水资源利用主权权利时应遵循不损害其他流域国同样在水资源利用中所拥有的主权权利的义务。这一理论被认为在国际习惯法，如《赫尔辛基规则》和联合国《国际水道非航运使用法公约》得到应用(Wouters et al.，2009)。1997年国际法院(the International Court of Justice，ICJ)在对匈牙利与斯洛伐克间多瑙河河段水电综合开发体“加布奇科沃-大毛罗斯”(Gabcikovo-Nagymaros)用水争端一案的裁决为：斯洛伐克单方面运行“Variant C”方案，将项目开发河段内多瑙河80%—90%的水用于满足自身利益，是对匈牙利公平合理共享国际水道水资源基本权利的侵犯(ICJ，1997；冯彦和何大明，2002)。可以说该理论所主张的在国际河流上“主权有限行使”的观点在国际上得到了一定认可。

4. 利益共享理论/利益共同体论

“利益共享”(benefit-sharing)又称“共同利益体论”(community of interests/property)认为，国际河流的各流域国应将跨境水资源视为流域国间的共同财富，通过积极合作，共同参与规划、开发和管理，彼此交换信息、协调行动，尽最大努力谋求水资源利用的最大效益和利益最佳化，同时将有害后果降低到最低程度(盛愉和周岗，1987)，在流域国之间进行利益共享。该理论是基于流域国对共享国际河流跨境水资源开发利用的有限领土主权、领土完整和依据一些国际判例等而提出的，强调流域国之间在跨境水资源利用权的相互认可与尊重，可以说是有限领土主权论的进一步发展。

国际常设法院(The Permanent Court of International Justice，PCIJ)(上文“国际法院”的前身)在1929年奥得河(the River Oder)国际委员会“属地管辖权”一案中提出了此概念，其表述为：在可通航国际河流中利益共同体成为制定共同法律权利的基础，其基本特征是所有沿岸国在使用整个河流时完全平等，且排除任何一个沿岸国比其他国家拥有任何优先特权。McCaffrey(2007)评论国际常设法院对多瑙河案裁决时认为：利益共同体概念不仅可以成为国际水道法的理论基础，而且可以成为构建流域国之间具体义务的一项原则，如公平利用原则。但是利益共同体概念的法律含义不明确，而绝对领土主权论和绝对领土完整论的法律含义是清楚的，有限领土主权论的法律含义虽然不是很明确，但也能很好地理解。在可通航的国际河流上(如奥得河)，流域国之间在自由航行权方面存在明确的利益共同体关系，一个流域国不能阻止其他流域国在水道航行；在不可通航的国际河流/水道上，如果相关流域国之间没有签订适用的协议，流域国之间在跨境水资源的非航行利用目标上就不存在明显的利益共同体关系。例如一个流域国没有受到其他流域国引水利用的不利影响，那么它是没有合法理由阻止其他流域国的引水利用的。可见，在国际河流/水道在非航行使用的情况下，利益共同体的概念需要有其他含义。在国际法评论界，有人将“利益共同体”等同于“共同管理”，也有人主张通过将国际水道“公有化”实现管理权从流域国转向流域国联合机构，但其中最为突出的问题是：通过流域国之间签订条约可以建立一个国际河流/水道的共管机制，但是从国际法原则看，整个国际河流/水道，包括其水资源是不可能构成一个共管机制的(Owen，2007)。国际法协会1958年纽约会议上采用“各流域国有权合理和公平地在流域水资源利用中获益”原则。Caponera(1992)认为：自然整体单元可产生唯一的法律整体，并形成“利益共享”原则，因此国际河流水资源也应成为共有。

总体上来说，该理论所界定的跨境水资源权属关系是：所有流域国都应将其共享的国际水道或国际河流看作一个在自然资源、社会经济和生态环境等要素中互相依存、密不可分的整体，各国单方面的水资源开发利用行为可能会导致其他部分的改变。为此，将流域作为一个完整自然单元出发，国际河流水资源是流域国之间的共有资源，需要通过共同规划与管理，实现流域国之间的权利共享、义务共担，或者更为直接地说是“利益共享、成本共担”。

三、国际河流水资源权属理论的变化特征

从以上4种国际河流水资源权属理论的产生、发展与应用，以及世界各国水权制度建设情况看，“绝对领土主权论”“绝对领土完整论”“有限领土主权论”和“利益共同体论”之间表现为以下发展变化特征(图3-1)。

(1)从对立、协调到融合。从以上4种权属理论的核心观点可以认识到，“绝对领土主权论”与“绝对领土完整论”基于不同流域国在国际河流上所处的地理位置(上游或下游)，分别强调了国家对其主权权利的行使能力和使用对象/范围，表现出国家力图对跨境水资源的绝对控制力，由此展示出两者间观点的对立与冲突，以及它们在现实世界中难以应用的状态。在认识到前两种理论难以解决各类跨境水资源争端，国家间的相互依存、相互影响关系，国际性及区域性环境问题，如气候变化、温室效应、生物多样性丧失和环境恶化等，以及国家主权理论及内涵的发展(杨成，2003；张军旗，2005；俞正梁，2000；盛蕾，2009；汪梦，2007；Bartelson，2006；Werrell and Femia，2016；Grinin，2012)，推动了“有限领土主权论”“利益共同体论”的形成与实践。后两种跨境水资源权属理论通过明确流域各国间相互依存、制约与平等的资源主权关系，协调前两种权属理论中心观点的对立关系，推动了人们对共有资源属性本质的认识，反映了国际河流水资源权属理论的发展趋势，即共有的资源、共享的利益，体现了从对立到协调，再到逐步融合的发展特征。

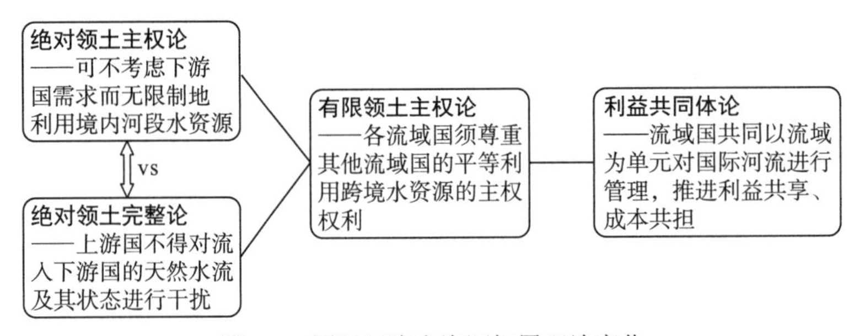

图 3-1 国际河流水资源权属理论变化

Fig. 3-1 Changes of the theories on water resources'ownship in the international rivers

(2)从绝对到相对，从排他的主权到共有资源利用与保护的责任。跨境水资源权属理论发展前期的“绝对领土主权论”与“绝对领土完整论”均从国家主权的内涵出发，分别主张了国家在主权行使中的绝对和排他权利以及权利范围，即分别对国家的主权权利和对领土主权的绝对主张。但随着国际社会对国际河流水资源的自然跨境流动性、流域国之间的共有性，以及国家主权维护与行使在国际关系维系相互性的认识，后发展起来的“有限领土主权论”和“利益共同体论”则主张国际河流流域内相关流域国均拥有利用该水资源、共享水资源利益的权利，同时应承担采取适当措施对该水资源进行保护，以及不损害其他流域国利用该水资源权利的义务。后两种水权属理论既承认了流域国对其领土内河段及水资源的主权权利，同时也提出各流域国对该水资源行使主权权利时，应考虑到可能产生的跨境影响，应顾及其他流域国对其河流水资源享有的相应主权，着重强调了流域国在跨境水资源利用与保护中权利与义务，即国家主权间的相对性和主权的受限性。4 种水权属理论核心思想的发展明显地体现出：从主张流域国对国际河流水资源所拥有的资源主权，发展成为对跨境水资源作为流域国之间的共有资源，要求相关国家尊重与认可相互的资源主权，实现对共有水资源的合理利用和保护，即从单纯强调流域国的主权权利，发展为强调流域国对权利与义务的履行。

(3) 从合法性到合理性，从理论到实践。“绝对领土主权论”与“绝对领土完整论”基于国际法的主权论，各自建立起自己的跨境水资源权属理论，从前述的相关国际法及其基本原则看，两个理论的核心思想是有国际法基础的，或者说是有法理基础的，具有合法性，但过于绝对的主张使之在确立国际关系时不具有合理性，其主张的原则也就失去了可操作性和实用性。“有限领土主权论”仍然从国际法的主权原则出发，基于国家间主权平等，提出了一个权利与义务并行的相对主权原则，以此协调、平衡了前二者对立而绝对的主权主张，使得该理论既有合法性基础，又具有合理性与公平性。“利益共同体论”在“有限领土主权论”的基础上，力图将流域国之间在主张跨境水资源权益方向进行细化，以进一步体现流域在共享水资源上的共同利益与共同分享，尽管“利益共同体”理论的国际法基础还受到一定的质疑，但是通过对原则的明细化，正在推进相关理论在现实国际河流水问题的解决与实践。总体而言，随着跨境水资源权属理论的演化与发展，从“绝对领土主权论”、“绝对领土完整论”到“有限领土主权论”和“利益共同体论”，其核心思想在国际法原则的基础上，实现了从合法性向合法性与合理性兼顾的发展，从理论构建逐步向实践应用发展。

第四节 国际河流水资源权属的再认识

一、国际河流水资源权属与国家水权的差异

从前文对世界上部分国家水权制度、相关国际法对国家间共有资源权利关系的原则以及国际河流共有水资源权属理论发展变化的描述与讨论，可以明确地认识到：基于国际法原则所确立的国际河流共有水资源的权属关系，与由国家法律体系所建立的水权制度之间存在明显的差异。

1. 国际法中的水资源主权与国内法中的水资源所有权的差异

在国际关系和国际法中，主权是国家的固有权力，不从属于任何外来意志。国家主权一般有 4 种表现形式：平等权、独立权、自卫权和管辖权。主权的主体是国

家，即国家主权，因此，资源主权和领土主权的主体均是国家。对于国际河流共有水资源来说，从上文相关国际法、条例以及一些重要宣言的相关原则可以认识到：跨境水资源是流域内相关国家间的共有水资源，于是产生出共有主体，也就是相关流域国。国际法构建的主要目标是协调国家间关系，包括国家之间利用自然资源过程中所产生或可能产生的相互关系，以维护世界的和平、建立国际秩序，可见，国际法的主要调整对象/客体是国家(鲁传颖，2014；詹宁斯和瓦茨，1998)。

国内法中，所有权是指所有人依法对所有物进行占有、使用、收益和处分的权利。所有权主要是民法的客体，所有权的主体是(财产/物)所有人，是具有独立民事权利与义务的主体，可以是自然人、法人和国家。因此，所有权形式包括私人/个人所有权、集体/法人所有权和国家所有权，或者是公共所有权和私人所有权(周林彬和李胜兰，2001；李芳，2013)。所有权制度规定了人对财产/物的关系和所有权人行使其权利过程中与其他人的关系(张明龙，2002；Cohen，1927)。如果将所有权的对象(财产/物)外延至自然资源，甚至是水资源，再考虑不同国家的所有权，我们将会面临纷繁复杂的国家水权制度。

综上所述，国际法和国际关系中的国际河流跨境水资源权属的实质是“流域国水资源主权”，其简称可以是“跨境水权”。而国际上不同国家依据其法律体系和所有制形式所建立的“水权”制度则主要是“水资源所有权”，或者由所有权外延出来的多重权利组合，如使用权、受益权、处置权等。由此可见，两种水权之间存在着本质的区别，直接通过“嫁接”的方式来明确流域国的跨境水资源各项权利是不可取的。

2. 跨境水资源国家主权与国家水权行使的差异

当前，在诸多国际法、国际公约以及国际习惯法中，已有大量关于国家间共有自然资源、国际河流/国际水道水资源的规定与原则，如《各国经济权利和义务宪章》中规定：国家对自然资源享有充分的永久主权，包括拥有权、使用权和处置权；各国对于国家间共有自然资源应谋求适当利用、不对其他国家合法利益和环境造成损害。《关于共有自然资源的环境行为之原则》中在重申国家资源主权权利的同时，提出相关国家应公平和谐利用共有自然资源，应对共有自然资源负有保护和适当利用的义务。《国际水道非航行使用法公约》在其第二部分“一般原则”的第一条提出“公平合理的利用和参与”，具体内容为“水道国应在其各自领土内公平合理地利用国际水道……应着眼于实现与充分保护该水道相一致”。《赫尔辛基规则》第二章“国际流域水资源的公平利用”中提出“每个流域国在其领土范围内享有合理、公平地使用国际河流的权利”。从这些原则中可以明确几点：流域国对在其领土内的跨境水资源拥有主权，包括拥有权、使用权和处置权在内；流域各国应公平合理地利用/使用国际河流水资源；流域国对国际河流水资源负有保护义务。由此可见，国际法在确认国际河流水资源的资源主权及行使主体的基础上，推进了对共有资源的国家主权相关权利的规制，即跨境水资源为流域国的资源主权；相关权利包括拥有权、使用权和处置权；资源主权的行使主体是各流域国；各流域国资源主权行使范围为公平合理/和谐/最佳/适当地利用水资源，且承担相应的保护义务。

国家水权制度的建立与行使在世界各国之间明显不同。以中国为例，中国的水权制度在所有权早已明确(水资源所有权属于国家，水资源所有权由国务院代表国家行使)的基础上，正在构建水资源使用权的管理与分配体系。2016 年水利部发布的《水权交易管理暂行办法》提出“通过市场机制实现水资源使用权在地区间、流域间、流域上下游、行业间、用水户间流转”。由此可见，水资源使用权的管理权与分配权为各级政府(主要是各级水利部门)和流域管理机构(各流域水利委员会)，水资源使用权的行使者为各类用水户，包括企业、个人、农村集体甚至政府机构等。也就是说，中国水权的管理者和分配者为各级政府和流域管理机构，水权的具体行使者和使用者为各类用水户，从个人到企业、机构等。以英国为例，其地表水作为公共资源为国家所有，遵循河岸权利用原则，沿河土地所有者需要用水时通过向政府申请用水许可证而获得水资源使用权，用水过程需承担相应法律义务；地下水归地表土地者所有并使用，少量用水无须申请用水许可。由此可见，英国的水权制度基于土地私有制，将水资源所有权分为国家所有和私人所有两类，利用用水许可证制度由政府部门将水资源利用权分配给土地所有者，用水者拥有水资源利用权，包括取用水、捕鱼等，并承担相应的维护义务。此外，德国的水权制度中将水资源所有权与使用权分开，规定水资源归国家所有，水资源的管理通过联邦政府授权、由州政府承担，水资源使用权由用水者向政府管理部门申请获得。

比较跨境水资源的水权与国家水权间的实施情况，可见：国际法原则明确跨境水资源为流域国的资源主权，要求流域国通过协商与合作对跨境水资源进行利用和保护，因此，跨境水资源水权的行使是在国际法的指导下由流域国国家以合理利用与保护的方式进行。世界上多数国家通常依法将水资源所有权划归国家，将水资源管理权授权给相应的政府部门，而水资源的使用权分配给不同的用水者，因此，国家水权制度的实施是在国家法律下结合不同的目标进行水资源的管理权、使用权及保护责任的分配。总之，跨境水资源主权的行使与国家水权制度的实施之间差异明显，如果要将跨境水资源的管理与利用切换到国家水权体系下，其间存在许多需要重新规制与协调的制度以及程序的调整。

二、跨境水资源权属界定

综合以上跨境水资源权属与国家水权在不同法律体系下产生的差异特征，可以发现两者之间有着显著的区别。其一，它们源于完全不同的法律体系，且法律层次不同。其二，主权是一项事实，而所有权更多的是法律规定而非事实。其三，跨境水资源问题中国家这个主体具有唯一性，而国家水权的主体存在多层次性和多元性。其四，跨境水资源主权的行使缺乏强有力的监督机制，而国家水权制度在行政、法律等措施下推进实施，实施效力不同。

在认识到跨境水资源权属与国家水权之间差异的同时，不可否认的是：资源主权与资源所有权之间存在不少雷同之处。其中最为明显的是：所有权通常指财产或物的所有者在法律允许条件下拥有对其财产及物的排他的、最高的占有权、使用权、收益权与处置权等；主权是一个国家对其管辖区域所拥有的至高无上的、排他性的政治权力，对其境内自然资源享有充分的永久主权，包括拥有权、使用权和处置权。有法学家追溯研究发现：国际法中主权概念的内涵源于民法中的所有权，造成两者间的权利表现形式相似(舒美华和杜阳，2004；Lee，2005)。既然国际法中主权与各国法中所有权之间存在一定的法理关系，那么具有国际法原则支撑的跨境水资源权属关系可以逐步在流域国之间得到一个较为合理的界定。

依照前文所述的水资源时空分布基本特征、不同国家水权制度、跨境水资源特征、国家间共有资源利用的相关国际法原则、跨境水资源权属理论及发展特征等，作者认为跨境水资源权属问题是一个多级结构(图 3-2)，从上到下可分解为一至三级水权属。

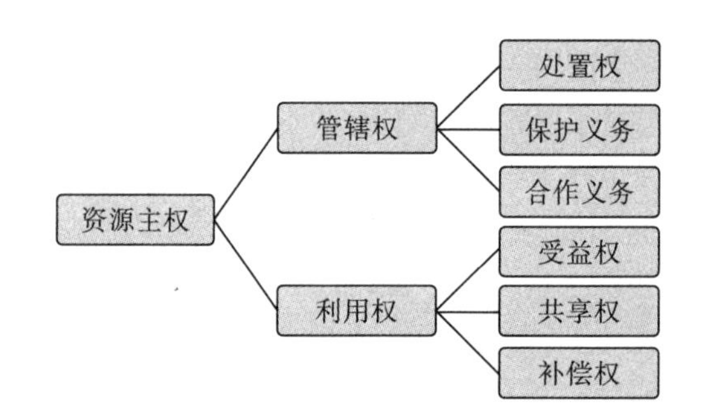

图 3-2 跨境水资源权属多级结构

Fig. 3-2 The multi-structure of transboundary waters’ownship

1. 跨境水资源的一级权属

跨境水资源的一级权属可明确为：各流域国对跨境水资源所拥有的资源主权。

对于自然资源来说，国际法在确认权属时，将其明确在国家主权范围之内，即相关国家对位于其领土范围内的自然资源拥有主权，并属于领土主权范畴。如联合国《各国经济权利和义务宪章》第二章第 2 条“每个国家对其全部财富、自然资源和经济活动享有充分的永久主权，包括拥有权、使用权和处置权在内，并可自由行使此项主权”。1986 年联合国《发展权利宣言》规定“各国人民有权对他们的所有自然资源和财富行使充分和完全的主权”。1972 年《联合国人类环境会议的宣言》和 1992 年《里约宣言》规定“各国有按自己的环境政策开发自己资源的主权；有责任保证在其管辖或控制之内的活动，不致损害其他国家的或在国家管理范围以外地区的环境”等。对于位于两国及以上国家间的自然资源，国际社会、国际法承认该类自然资源为相关国家间的共有资源，联合国《各国经济权利和义务宪章》中将它表述为“两国或两国以上所共有的自然资源”。基于国际法原则，对于“共有”资源概念就可以理解为：相关国家对该类资源拥有“平等且共同”的主权权利。而主权权利的行使，联合国环境规划署在其《关于共有自然资源的环境行为之原则》守则 3 中规定“各国有依照其本国的政策开发其资源的主权权利，同时也有责任保证在他们管辖范围以内的各种活动不致损害其他国家或本国管理范围以外地区的环境”。

依据《联合国宪章》《国际法原则宣言》以及跨境水资源权属理论，对于相关流域国之间共有的跨境水资源，首先可以确认的是各流域国的资源主权。针对国际河流水资源的自然“跨境”特征，各流域国在行使其资源主权权利时必须顾及其他流域国所拥有的相同且平等的主权权利，这一情况符合《联合国宪章》《国际法原则宣言》之“主权平等”原则，以及“和平共处五项原则”中的“互相尊重主权和领土完整、平等互利”原则。为此，国际河流流域国的跨境水资源主权权利既包含对自身国家资源主权权利的维护与实施，也包含对其他流域国资源主权权利的尊重。

2. 跨境水资源二级权属

在跨境水资源“平等且共同”主权一级权属下，为推动资源的有效利用与保护，可将跨境水资源主权分解出二级权属类型：管辖权与利用权。

1) 管辖权

一个国家行使管辖权的权利是以国家主权为依据的，管辖权指国家对其领土和在其领土范围内的一切人、物(包括领土本身)和发生事件进行管辖的权力，体现的是国家在其领土上充分、独立和不受干扰地行使国家统治权，也称为国家的属地管辖权。国家领土内的自然资源，即领土范围内的物，国家拥有永久主权，包含了对其具有进行管辖的权力，是国家专属性与排他性的最高权力的内容。如联合国《关于自然资源之永久主权宣言》规定“各国有行使其对自然财富与资源之永久主权”；《各国经济权利和义务宪章》规定的“每个国家对全部财富、自然资源和经济活动享有充分的永久主权，并可自由行使此项主权”。1993 年生效的联合国《生物多样性公约》第 4 条“管辖范围”规定：以不妨碍其他国家权利为限，每一缔约国对位于该国管辖范围的地区内、在该管辖或控制下开展的过程与活动，不论其影响发生在何处，拥有管辖权。

无论是所有水资源都位于一个国家境内，即“内水”，还是流经两个及以上国家的国际河流水资源，即跨境共有/共享水资源，基于国家主权平等与独立原则，跨境水资源的管辖权分属于相关流域国。而各流域国的管辖权限则以领土边界为限。因此，跨境水资源的管辖权为：各流域国对位于领土边界线以内的界河、界湖及跨境河流的流域区、河段及其水资源拥有管辖权。

如果依此界定国际河流管辖权的话，那么国际河流的水资源管理就是各流域国间的片段化管理、分散式管理甚至是分割式管理。如此的管理模式在现实国际社会中得到普遍应用，国际河流如此，国内河流也是如此；联邦制国家如此，单一制国家往往也是如此。

2)利用权

国家拥有对其自然资源的利用权，是其主权权利的重要组成部分。这一权利在一系列现代国际法和一些重大国际宣言中不断得到认可与确认，如《各国经济权利和义务宪章》第二章第 2 条和第 3 条规定：每个国家对全部财富、自然资源和经济活动享有充分的永久主权，包括拥有权、使用权和处置权在内；对于二国或二国以上所共有的自然资源的开发，各国应谋求对此种资源作最适当的利用。《关于共有自然资源的环境行为之原则》的目标是：指导各国养护及和谐利用两个或两个以上国家共有的自然资源。《人类环境宣言》第 21 条规定：各国享有开发自己资源的主权。《里约宣言》原则 2 规定：各国拥有开发本国自然资源的主权权利。《生物多样性公约》第 3 则规定：各国具有按照其环境政策开发其资源的主权权利。尽管在以上国际法原则中采用了不同名词，包括开发、使用和利用，但其基本内涵仍可用“利用”进行概括。

水资源，包括跨境水资源，作为人类生存与发展的基本自然资源。自然界内任何一种要素，一旦被识为“资源”，就具有为人类所利用的价值，而资源一旦位于一个国家领土边界之内，其开发利用权就被确认为国家主权权利之内。对于跨境水资源而言，它是相关流域国之间的共有资源，也即各个流域国均拥有在各自领土范围内对该资源的利用权。这一权利在一些国际法中也有与其相关的条款规定，如 2014 年生效的《国际水道非航行使用法公约》第 5 条“公平合理的利用和参与”规定“水道国应在其各自领土内公平合理地利用国际水道……”。1966 年国际法协会发布的《赫尔辛基规则》第 4 条规定“每个流域国家在其领土范围内享有合理、公平地利用国际河流的权利”。联合国 1992 年环境与发展会议通过的《21 世纪议程》第 18 章第 4 条规定“跨界水资源及其利用对于沿岸国具有极其重要的意义。相关国家最好按照现有的协议和/或其他有关安排进行合作，同时要考虑到所有有关沿岸国的利益”。

依照《联合国宪章》的“主权平等原则”，跨境水资源利用权是各流域国的主权权利范畴。因此，各流域国所拥有的跨境水资源利用权也应该是平等的，即平等的利用权。但是，上文的《赫尔辛基规则》和《国际水道非航行使用法公约》具体条款的规定均为“公平合理的利用”（equitable and reasonable utilization），平等的利用并不一定是流域国间“平均利用”或“对等利用”（UN，1996；FAO，1980）。当然，历史上也存在国际河流水资源的平均用水情况，但大多产生于界河两岸国家的用水分配中，如1868年法国和西班牙的划界公告中规定，普塞达运河的水昼夜向两国各开放12小时；1886年两国关于界河比杜亚河的条约规定双方隔日轮流捕鱼。而对于跨境河流来说，流域国之间的水利用却通常不是平均利用的，如印度与巴基斯坦间的印度河水资源分配，是按流域水资源的自然区域分布将东部河流和西部河流两部分分别分给印度和巴基斯坦；埃及和苏丹之间就阿斯旺大坝建设径流分配中，埃及占75%，苏丹占25%，但大坝所增加的径流量分配是各占50%；美国与墨西哥之间的格兰德河和科罗拉多河水的分配则依据地区和用水量需求相结合起来的方法，墨西哥的实际获得水量很小，且来水量中含盐量过高难以满足墨西哥农业灌溉需要，随后造成两国之间长期的水质纠纷。对于国际河流中的自然可航行河段的自由航行使用权，被普遍接受的是可航行河段内的流域国可得到平等的自由航行权，但对非流域国甚至是不属于可航行河段内的流域国是否拥有自由航行权，却要看各具体流域的国际条约的具体规定和流域内各国的协商结果。

总体而言，国际河流跨境水资源的公平利用权是可以确认的，但是该项权利的具体应用则需要依据水资源所在流域的自然条件、各流域国实际需水情况等诸多方面的相互协调与平衡，由相关国家之间进行协商而做出的能为各方所接受和认可的具体规定来实现。

3. 跨境水资源三级权属

在跨境水资源二级权属目标下，结合跨境水资源的共有性、开发利用中的相互影响性、实现可持续利用的合作与保护的必要性，将二级水权属目标进一步划分出三级目标，即处置权、保护义务、合作义务、受益权与共享权、补偿权。

1) 处置权

《各国经济权利和义务宪章》第二章第2条规定：每个国家对全部财富、自然资源和经济活动享有充分的、可自由行使的永久主权，包括拥有权、利用权和处置权在内。从中可见，资源的处置权在国际法中是一项平行于利用权与拥有权的主权权利。

在汉语语境中，处置权通常也称处分权。依据《中华人民共和国民法通则》，财产所有权是指财产所有人依法对自己的财产享有占有、使用、收益和处分的权利；森林、草原、水面等自然资源归国家所有，全民和集体所有制单位可依法使用，国家保护其使用、收益的权利，但使用单位有管理、保护、合理利用的义务。依据《中华人民共和国物权法》(2015)，所有权包括占有权、使用权、收益权和处分权共四项权利；矿藏、水流、海域、森林等自然资源属于国家所有，即全民所有，国家所有的财产由国务院代表国家行使所有权。因此，水资源的处分权由国务院代表国家行使。依照《现代汉语规范词典》(李行健，2005)中对“处置”一词的解释：处理、安排。结合以上《物权法》和《民法通则》的相关规定，自然资源的处置权可以指对资源利用、收益及保护等的安排或处理。

在英语语境中，处置(disposal)通常包含三个意思：一是“处理某件事情的行动或过程”，如“Waste management or waste disposal are all the activities and actions required to manage waste from its inception to its final disposal”中将废物处理与废物管理等同，且指废物管理从开始到最终处理完成的所有行动；二是“出售股份、不动产或其他财产”；三是“对某件事的安排/处理”。由此可见，英语中的“处置”除第二个含义之外，与中文类似的是指具体事物的管理、安排或处理。

为此，跨境水资源的处置权，可以设置于二级权属“管辖权”之下，指流域国对领土范围内跨境水资源开发利用与保护等所制定的方案。

2)保护义务

联合国环境规划署制订《关于共有自然资源的环境行为之原则》时，将其目标确定为：在环境方面指导各国养护及和谐利用两个或两个以上国家共有的自然资源，并鼓励共同享有某一自然资源的国家在环境方面进行合作；其守则 2 规定：相关国家应设法订立国际协定，以便协商保护、使用该资源及环境问题；守则 3 和守则 12 规定：各国有责任，保证在其管辖范围以内的各种活动不致对共有再生资源的养护造成威胁，履行关于养护和利用共有自然资源的国际义务。《人类环境宣言》认为：保护和改善环境是各国责任；发展中国家须致力于发展，但也须保护环境；第 24 条规定：有关保护和改善环境的国际问题应当由所有的国家合作处理。《生物多样性公约》第 6 条“保护和持久使用的一般措施”规定：缔约国应为保护和持久使用生物多样性，制定国家战略、计划或方案。《国际水道非航行使用法公约》第 21 条和第 23 条规定：水道国应单独或共同采取一切必要措施，保护和保全国际水道的生态系统，包括河口湾在内的海洋环境。

从以上相关国际公约等重要国际文件的一些具体规定上看，国际社会已经普遍认识到保护、养护乃至维护资源的可再生能力，保护、改善乃至保全生态系统、环境的必要性、重要性以及紧迫性。为此，涉及资源环境问题的现代众多国际法中要求各国在开发利用资源的同时，必须着重对环境、对资源的保护，以实现资源的最佳、最适当和持久利用。也就是说，各国在行使其资源利用的主权权利的同时，保护资源、生态系统及环境也成为各国的一项国际责任。

3）合作义务

《各国国家经济权利和义务宪章》第 3 条和第 30 条规定：共有自然资源的开发，各国应合作，谋求资源最适当的利用、不损及其他国家的合法利益、不对别国的环境或本国管辖范围以外地区的环境造成损害、拟定环境领域的国际准则和规章。《关于共有自然资源的环境行为之原则》守则 1 和守则 7：各国必须合作，而且合作必须在平等基础上进行，包括关于共有自然资源的情报交换、通知、协商等其他方式，以谋求控制、防止、减少或消除资源利用可能引起的不利环境影响，并顾及各有关国家的主权、权利和利益。《人类环境宣言》第 22 条：区域性或全球性的环境问题，要求国与国间的合作，采取联合行动以谋求人类的共同利益；第 24 条：有关保护和改善环境的国际问题应当由所有的国家，在平等的基础上通过多边、双边或其他合适途径合作，防止、消灭或减少和有效控制对环境的有害影响。《里约宣言》原则 5 和原则 7：各国应该合作消除贫穷，维持、保护和恢复地球生态系统的健康和完整等。联合国《生物多样性公约》第 5 条“合作”规定：每一缔约国应尽可能并酌情直接与其他缔约国或酌情通过有关国际组织为保护和持久使用生物多样性在国家管辖范围以外地区就共同关心的其他事项进行合作。《国际水道非航行使用法公约》第 8 条“一般合作义务”规定“水道国应在主权平等、领土完整、互利和善意的基础上进行合作，使国际水道得到最佳利用和充分保护”。

以上无论是直接涉及两国及以上国家间共有资源，还是涉及当前世界正在面临的区域性乃至全球性环境与资源问题，相关国际公约、国家宣言均提出：为维护相关国家的合法利益，改善区域乃至全球环境问题，实现资源的最佳、最适当、永久性地利用，相关国家有承担与其他国家合作的义务或责任。

对于跨境水资源，在联合国《国际水道非航行使用法公约》中将“合作”确定为一项基本原则，要求相关流域需承担该国际义务。

4）受益权与共享权

受益权也可为收益权，是指从跨境水资源利用中获得利益的权利，这一权利既是利用权的延伸和补充，也是流域国行使其资源利用权的根本目标所在，因为利用即是为了获得利益，所以利用权自然包括从中受益的权利。对于跨境水资源来说，各流域国拥有合理利用跨境水资源的权利，也即拥有了从开发和利用中获得效益/利益的权利。

跨境水资源是流域国间的共有资源，流域国间对该资源拥有平等的利用权，意味着跨境水资源乃至其产生的利益需要在流域国间分享或者说共享，也就是说各流域国拥有跨境水资源的共享权，正如2009年“世界水日”主题“跨境水：共享的水、共享的机遇”所表达一样。具体而言，该权利应该包括几个方面的内涵：一是对水资源可利用量的共享或分配，即通常所说的“跨境水资源分配”；二是水资源利益或效益的共享、分享或分配，如流域国在可航行河道上自由航行而实现的通航效益的共享，流域国分享水电联合开发的发电效益，上下游国家分享防洪效益等；三是流域国间共享流域生态系统的服务功能，如渔业资源、景观资源等。

流域国对跨境水资源的受益权与共享权，在国际公约、多边国际条约，特别是双边条约中都有涉及。《国际水道非航行使用法公约》第5条“公平合理的利用和参与”规定：水道国在其各自领土内公平合理地利用国际水道时，应着眼于实现与充分保护该水道相一致的最佳利用和利益”。《生物多样性公约》将其目标确定为：保护生物多样性、持久使用其组成部分以及公平合理分享因利用而产生的惠益；第8条中提及：缔约国应尽可能并酌情，……公平地分享因利用相关知识、创新和做法而获得的惠益；第15条第7款规定：缔约国应与提供遗传资源的缔约国公平分享研究和开发此种资源的成果以及商业和其他方面利用此种资源所获得的利益。美国与加拿大1961年签署的《关于合作开发哥伦比亚河流域水资源条约》(以下简称《哥伦比亚河条约》)中，加方为提高美方下游水电站的发电效率和提高下游的防洪效率，在加方境内兴建一系列水利工程，为此，加方有权分得下游水电效益的一半，并且美方还付给加方相应的防洪费用。苏丹与埃及签署的《关于充分利用尼罗河水资源的协定》，明确了：苏丹在境内修建水利以防水资源的流失，项目获得的可利用水资源量将由两国平分，其费用亦由两国平分，阿斯旺大坝修建后增加的水量也由两国平分。从中可见，国际公约条款着重于原则的确定，而流域国间具体的条约则针对具体的跨境水资源开发利用目标，如水量分配、水电开发等，确定开发利用产生的效益及效益产出国与受益国，并对效益进行分配，以指导跨境水资源的开发。

从以上国际法原则的实践情况看，在具体的开发利用目标下，流域国之间能够实现跨境水利用效益的量化核算，实现共同受益和利益共享。现实社会中，水资源的多用途与多目标性，其开发利用所产生的效益复杂多样，如维持人类生存与发展的功能，灌溉效益，水电开发效益，生态及环境效益，防洪效益，航运效益，景观价值，等等。既有直接效益，也有间接效益；既有社会、经济效益，也有生态效益。在流域国之间实现标准量化核算面临着一系列困难，不仅仅是科学问题。

5) 补偿权

补偿权，具体为利益或效益补偿权，是指流域国间在共有水资源开发利用过程中出现受益差异时，受益少的流域国向受益多的流域国要求给予一定补偿的权利，或者是开发利用成本分担份额少的流域国向成本分担份额大的流域国给予一定补偿，再或者就是当前正在讨论与实践的流域生态补偿模式，即某流域国(如上游国)通过对流域生态环境及水资源的保护或减少境内水资源的利用，使得其他流域国(如下游国)获得更多的水资源及利益，为此生态保护的受益国应给予实施生态保护的流域国一定的补偿，以体现共有资源的公平利用、受益与共享。

损害赔偿责任则是指流域国因过度利用境内跨境水资源造成对其他流域国的水环境、水资源利用及其利益的损害或损失而进行必要赔偿的国际责任。损害补偿责任可以说是利益/效益补偿权的另一个方面。

利益补偿权和损害赔偿责任，其实质仍然可视为相关流域国间的平等利用权和受益权派生出的权利与责任。在许多国际公约、宣言中正在逐步明确国家的补偿/赔偿责任。《国际水道非航行使用法公约》第 7 条“不造成重大损害的义务”规定：水道国在作出适当的努力还是对另一水道国造成重大损害的情形下，应与被影响的流域国就消除或减轻损害以及酌情给予补偿(compensation)的问题进行协商。《生物多样性公约》第 14 条指出：缔约国应根据所做的研究，审查生物多样性所受损害的责任和补救问题，包括恢复和赔偿(compensation)，除非这种责任纯属内部事务。《关于共有自然资源的环境行为之原则》第 12 项：各国有责任在环境方面履行关于养护和利用共有自然资源的国际义务，如因违反此种义务而在其管理范围以外地区造成环境损害时，应依照适用的国际法负担责任，应合作制订有关这种责任和受害者赔偿(compensation)的国际法。《人类环境宣言》第 22 条：各国应合作发展对管辖以外的环境造成的污染和其他环境损害的受害者承担责任和赔偿(compensation)问题的国际法。《里约环境宣言》原则 13：各国还应迅速并且更坚决地进行合作，进一步制定关于在其管辖或控制范围内的活动对其管辖外的地区造成环境损害的不利影响的责任和赔偿(compensation)的国际法律。而在一些双边条约中效益补偿或损失补偿已经得到了实践。1959 年印度与尼泊尔签署的《关于甘达克灌溉与发电项目的协定》第 3 条：尼泊尔需向印度提供工程项目勘测、建设与运行的土地，印度需就尼泊尔提供的土地进行合理补偿(compensation)。1961 年美国与加拿大签署的《关于合作开发哥伦比亚河流域水资源条约》第 4 条第 4 款：美国对加拿大防洪调控进行补偿(compensation)；第 6 条：美国向加拿大支付防洪费用并补偿(compensation)加拿大因防洪而泄水造成的发电损失等。

在中文语境中，“补偿”与“赔偿”之间存在明显的区别，“补偿”指补足欠缺或抵偿损失，而“赔偿”则指因行为不当使他人受到损失而需给予补偿。而在英语语境和国际法中，目前为止所见到的条款中均用“compensation”，依照《新英汉词典》，与该词对应的中文为“补偿、赔偿”，可见上文所引用的国际公约、条约等中的中文翻译均为中国学者或机构依据文件上下文关系和自身的理解所做出的，这也是作者将该项权利与责任合二为一的原因之一。原因之二是国家间在现实问题的处理过程中，相关国家关注的不是 “给多少钱的问题”，而关注“是否是因为有过错而承担国际责任的问题”，相关国家对其行为造成的损失乃至损害是愿意补偿的，但并不愿意承担责任。例如，美国与墨西哥间格兰德河水利用纠纷，因美国过度引水灌溉造成下游缺水或农田用水盐度过高，造成墨西哥大面积农田受旱、减产。在墨西哥长期抗议下，美方终于在 1906 年与墨西哥签订《格兰德河分水条约》(Distribution of Waters of Rio Grande)，但条约第 4 条申明：墨西哥所获得的水量不能被视为墨西哥的水权；墨西哥获得条约规定的水量后，需声明放弃对美国用水造成墨西哥土地所有者经济损失进行赔偿的所有主张，即美国同意与墨西哥分水并不意味着美国有责任赔偿跨境损害。

由此可见，在国际法的发展进程中，国家造成管辖区外损害的赔偿责任正逐步得到确认，但在现实中“损失或利益补偿”已经得到了实践，被人们认可。为此，流域国的跨境水资源利益补偿权，或损害赔偿责任可以成为跨境水资源权属体系中的一个权利项，以预防和阻止流域国在跨境水资源利用中跨境损害行为的产生，进而影响共有水资源的公平合理利用与保护。

本节对跨境水资源权属体系的构建，其首要目标是明确国际河流流域国在跨境水资源开发、利用、保护与管理中的权利义务关系；其二是厘清跨境水资源中各流域国的“水权”在国际法中的“水资源主权”与各国内部的“水权”间关系；其三则希望在明确跨境水资源权属体系基础上探求实现跨境水资源公平合理利用的路径。从以上的水权属体系可见：公平合理利用的最佳可行路径是实现跨境水资源的利益共享，即通过量化评价和核算具体流域水资源各开发利用及保护目标的价值，并在流域国之间实现公平合理的分配与共享。但其中也面临诸多难题，包括各流域国对水资源的需求目标存在差异、不同国家间的水资源价值意识存在差异、流域水资源的生态环境价值难以量化等。

第四章　国际河流水资源管理制度建设

第一节　国际水法形成与发展

一、概述

“国际水法”(International Water Law)，不是一部法律的简称或特称，在本研究领域中是指：关于协调国际河流(即形成或穿越主权国家之间国际边界的河流、湖泊和地下蓄水层)水资源开发与管理的法律文件总称，是处理跨境/界共享水资源开发与管理中复杂法律问题并寻求相关适用规则的国际法分支(FAO Legal Office，1998)。在此之前，1980 年，同样是联合国粮农组织(FAO)将“关于利用、保护与管理国际水资源，即国家间河流、水文系统和流域(也称‘国际流域’，international drainage basins)的内陆水资源，被国家、国际法律机构及国际机构采用的国际公约、声明、决议以及司法裁决等”合称为“国际水资源法”(The Law of International Water Resources)(FAO Legal Office，1980)。从以上 FAO 对国际河流/跨界河流水资源利用与管理相关国际法的梳理与总结看，“国际水法”是一个演化的概念，时至今日，国际水法通常是指协调跨越国家间边界的河流水资源利用与管理的国际法律体系。

国际水法作为国际法的一个重要领域，其实质既涉及海洋及其生物资源、环境问题，又涉及内陆淡水资源，包括地表水、地下水乃至湿地等问题。随着世界经济的不断发展，全球人口的持续增加，水资源利用及水污染的不断加剧，淡水资源短缺在世界各地不断显现出来，而且具有不断加剧的趋势。特别是全球 286 条跨境河流水资源的利用、保护与管理受到国际社会的广泛关注，由此推动国际水法不断地发展，其重要性也受到国际社会的公认。随着全球可持续发展战略的提出，为维护生态系统平衡及环境的良好状态，国际水法从注重水资源的多种经济功能的利用向水资源的开发利用与流域生态环境维持的综合管理方向发展，因此，现代国际水法中包含诸多流域水环境的保护与污染防治问题。为此国际水法也被认为是国际环境法的一个重要分支领域(戚道孟，1994)。

二、国际水法的形成

国际水法作为协调各国之间在国际河流、湖泊等跨境共享水资源开发利用与管理活动关系的国际法规、制度与原则，是能够影响国家间水争议结果的重要因素。国际水法的形成与发展与人类政治、经济、社会需求乃至技术发展紧密相关，如大量沿大江大河分布的人类文明遗迹证明了河流和湖泊最早是被作为交通和贸易通道，以及生活、农业水源加以利用的。在人类社会出现城邦和民族、国家之后，河流及湖泊的自然边界被“国家”间政治边界打破、切割，河流被区分为国内河流、跨国河流与边界河流，湖泊也分为内湖与界河/国际湖泊，地下水系统也出现了共享地下水，或跨境地下水系统。随着这些河流及水资源的利用与管理开始受到国家政治因素的影响，有效推动了相关用水原则的建立与发展。

早期国际河流的水资源利用，对于可通航的河流，流域国/沿岸国间的国际条约主要是航行条约；而对于不能通航的河流，则灌溉与捕鱼成为主要的水资源利用方式。为此，国际河流开发利用早期，航行、灌溉及捕鱼方面的水利用与其他形式的水利用相比占有优势地位，在此基础上逐步建立和形成了一些“国际河流制度”。如在法国大革命后，为推动国际贸易的发展与殖民扩张，基于水域是公共财产概念产生了国际河流可航河段“航行自由”的概念。1814 年《巴黎条约》(Treaty of Paris)确立了“在欧洲主要国际河流上自由航行的原则”，并于 1815 年《维也纳大会最后规约》确定了“在莱茵河上自由航行的原则”，使得自由航行原则首次在莱茵河沿岸国家间得到实施，并授权莱茵河中央委员会负责起草一个公约，即 1831 年的《美因茨公约》(Mainz Convention)。之后，1856 年《巴黎条约》规定多瑙河实行自由航行，1885 年《柏林条约》规定世界各国可在尼日尔河和刚果河上自由航行，1919 年《凡尔赛条约》规定的易北河、奥得河和尼曼河的自由航行等，逐步确立了国际河流的“自由航行制度”(freedom of navigation)(http://ccr-zkr.org/，2017)。这一原则在特定国际河流上从沿岸国(可通航河段的两岸流域国)扩大到所有流域国，从欧洲地区的国际河流扩大到其他地区，如非洲的刚果河和尼日尔河、亚洲的澜沧江-湄公河、美洲的亚马孙河和圣劳伦斯河等。与此同时，界河、界湖的划界、灌溉和捕鱼的条约也得到了发展，形成了包括中心线划界(可航河流以航道中泓线为界、不可航河流和湖泊以中心线为界)、平等分配界河两岸灌溉用水、界河捕鱼不越过中心线等河流制度。

三、国际水法的渊源

国际水法是国际法的重要组成部分，因此，国际水法的渊源与国际法的渊源基本相同，也就是说，国际水法的渊源包括：国际公约、多边条约、双边条约、国际法院判例等(FAO，1980，1998；盛愉和周岗，1987)。这些公约或条约既可能是国际水法的组成部分，也可能是推动国际水法不断发展与完善的国际法原则、实践乃至判决。对几类国际水法渊源概述如下。

(1)国际公约：包括普遍性公约和区域性公约。通常指在国际或区域上被普遍应用的国际公约，以及政府间组织，如联合国、欧盟、非盟等达成的多边国际条约、决议及声明等，其原则具有普遍意义。对现代国际水法具有渊源意义的国际公约，既包括具有全球或区域性价值的资源环境问题的国际公约，也包括涉及跨境水资源利用与保护条款的一般性国际公约。如一般性公约中的1815年《维也纳大会最后规约》、1919年《凡尔赛和约》、1992年联合国《生物多样性公约》、1994年《防治沙漠化公约》以及1971年《关于特别是作为水禽栖息地的国际重要湿地公约》(简称《湿地公约》)、1968年《关于保护自然与自然资源的非洲公约》等；专题公约中的1997年联合国《国际水道非航行使用法公约》、1921年《国际性可航水道制度公约及规约》、1923年《关于涉及多国的水电开发公约》、1984年《多瑙河航行制度公约》、1921年《关于确定多瑙河规章的公约》等。

(2)双边及多边国际条约：主要是指两个或以上的国家之间、国家与国际机构之间签订的国际条约，包括涉及流域综合利用与管理的条约、协议以及针对跨境水资源某一具体问题的国际条约。如1995年由下湄公河流域4国签订的《湄公河流域持续发展合作协定》、1948年《多瑙河水域渔业协定》和1963年《保护莱茵河不受污染国际委员会协定》等；以及1996年孟加拉国与印度之间签订的《关于分享法拉卡水闸的恒河水资源的条约》、1959年苏丹与埃及之间签订的《关于充分利用尼罗河水资源的协定》，美国与加拿大之间签订的1961年《哥伦比亚河条约》和2012年《大湖水质协议》等。

(3)国际判例及仲裁：主要是指1946年之前的国际常设法庭(Permanent of Court of International Justice)及其继任者国际法院(International Court of Justice)、国际常设仲裁法庭(Permanent Court of Arbitration)对具体跨境水资源利用问题的裁决意见。因为相关法庭的法官在案件审理和判决过程中不仅需要对案件中所涉及河流或湖泊的水资源状况、相关国家的用水情况进行充分了解，而且要对相关国际法、国际条约进行认真梳理，在判决中对其进行实用性解释，因此，相关的判决或裁决意见对国际水法的发展是有重要的参考和借鉴意义的。如国际法庭1997年对匈牙利与斯洛伐克之间“关于加布奇科沃-大毛罗斯(Gabcikovo – Nagymaros)项目案”的判决、1937年国际常设法院对比利时与荷兰之间“默兹河分流案”的裁决等。

(4)国际法学机构或团体提出的法律意见和制订的规则、决议：主要是指国际上一些著名的国际法学研究机构、国际法学者及团体在跨境水资源法制化研究过程中产生的结果、发表的意见乃至制订国际法规则及解释等。如由国际法协会(International Law Association)1966年制订的《赫尔辛基规则》、1960年《非航行使用的程序决议》及1986年《国际流域水污染规则》，国际法学会(Institute of International Law)于1991年发布的《国际水道非航行用途的国际规则》、1934年发布的《河流航行国际规划》和1979年发布的《关于河流和湖泊的污染与国际法的决议》等。

(5)国家间其他形式的法律文件：主要包括国家政府之间签订、批准的，具体一定法律效力的、类似于国家间协议的文件，如备忘录、声明、宣言、换文等，以及国家间建立的政府间组织，特别是国际河流委员会的决定和咨询意见等。如2011年土耳其与叙利亚间签订的《水资源有效利用与抗旱合作备忘录》、1980年德国、法国与卢森堡三方《关于制订边境地区合作协定的换文》、1994年美国与墨西哥的国际边界与水委员会做出的《关于改善科罗拉多河界河段通航能力的决定》等。

(6)国际组织或国际大会产生的决议、声明、建议等：主要是指一些权威性的，特别是在资源环境领域内的重要国际组织及其组织的国际性大会产生的决议等文件。虽然它们没有法律效力，但仍被认为是国际法的立法依据和渊源。如联合国欧洲经济委员会1990年制订的《跨境内陆水体突发污染事件的行为准则》，1986年的《跨境水资源领域合作的决议》，1982年的《关于共享水资源国际合作的决议》，1980年的《关于防止和控制水污染，包括跨境污染的政策声明》，以及联合国大会1979年《关于两个及以上国家共享自然资源在环境领域的合作第34/186号决议》，联合国环境规划署1978年发布的《关于共有自然资源的环境行为之原则》，1977年联合国水资源大会声明与决议，1992年联合国环境与发展大会的《21世纪议程》等。

从以上渊源及相关内容看，不仅能够发现国际水法的渊源之广博，而且也能够发现国际水法涉及领域之广泛，其原则大多分散于大量的国际条约中，因此我们将国际河流跨境淡水资源领域所说的“国际水法”整体概括为：用于解决国际河流跨境水资源开发、利用、保护及管理的国家间、地区间、国际组织等制订或达成的公约、法案、条约、协定、规则等。英文的标题则多为“Convention，Declaration，Resolution，Agreement，Practice，Treaty，Statute，Regulation，Rules，Recommendation，Protocol”等。

四、国际水法的发展

进入20世纪后，随着国际河流水资源开发利用的多样化，如灌溉、水力、防洪和供水等非航行水利用的快速增加，进而推动了国际河流航行之外用水目标管理的相关国际法发展。如 1911 年《国际水道除航行以外的其他水利用目标国际条约》(简称《马德里条约》)、1923 年《关于影响多个国家的水电开发日内瓦公约》等。但是，由于水法发展的步伐无法跟上航行之外水资源利用的发展，各国在讨论国际河流非航行水利用权利问题时，只能沿用一些在航行利用中得到良好发展和被广泛接受的一些原则，造成了流域国间的一些用水矛盾，其中如何协调流域国(如上下游流域国)之间的用水权利成为矛盾的主体，是国际河流水分配中遇到的第一个重要的法律问题，也是对现代国际水法提出的挑战(Arcari，1997)。

在第二次世界大战之后，随着世界经济的快速发展，水需求的提高与水环境的恶化，跨境水资源的经济、生态和环境价值受到关注，为此产生了大量的国际实践和双边、多边国际条约，推动了国际水法从水资源开发利用的单一目标向水分配、污染控制、洪水管理和流域水资源综合管理的多目标发展。在此基础上，为有效协调与解决国家间的用水目标、明确水资源利用与保护职责，防止跨境水资源的竞争利用可能引发的地区性矛盾或冲突，有必要制订国际河流水资源利用与保护的普遍适用原则与规则，为相关流域国的水资源开发利用与保护行为提供国际法依据和国际法指导，无论这些流域国是否签订过相关国际条约，无论被开发利用的水资源所在流域是否签订有相关国际条约。《赫尔辛基规则》于 1966 年在国际法协会组织的国际大会上得以通过，后被广泛引用，对各国有关水资源的立法和国际法发展都有很大影响，具有一定的先导作用(FAO，1980)。《赫尔辛基规则》建议当一国际河流流域国之间未签订相关协定，甚至没有建立相应协定基础时使用；对国际河流水资源“公平利用”原则做出了新的解释，即主张一个国家可以合理使用流经其领土的国际河流水流，只要不影响下游国对该河流水资源的合理利用；认为国际河流水资源作为流域国的共享资源，任何流域国在不侵害任何其他流域国的权利和利益的前提下，均有共享河流水的权利。换句话说，各个流域国在共享河流水利用方面有相应的权利和义务，每个流域国对于水的主权权利是相对的和有保留的，“有限领土主权”理论在这一原则中得到具体体现。《赫尔辛基规则》以其全面与完整性成为国际水法中的基础性文件之一。

20 世纪 70 年代以后，国际社会认识到国际河流中非航行使用日益增长的重要性，抑制水灾害、水污染、水资源短缺日益严峻以及生态环境问题日趋突出的紧迫性，以及制定一个能处理与协调流域国间水资源竞争利用与保护流域生态系统国际法的必要性。1970 年底联合国大会通过了第 2669 号决议，授权联合国国际法委员会(International Law Commission)，根据国际河流水资源利用的发展趋势与法规需求，对“除航运以外的国际水道水利用目标”的相关法规进行研究和整理；1971 年国际法委员会将国际水道非航行使用议题列入工作方案。国际法委员会在编纂该国际法期间，围绕“水”及其有关问题开展了一系列重大活动，产生了一系列重要文件。如1977年阿根廷马德普拉塔联合国大会，讨论了与水有关的评价、利用、环境、灾害、政策计划与管理等方面的问题；1980年贝尔格莱德会议讨论了关于国际水道规章以及国际水资源与其他自然资源和环境因素间关系问题；1982年蒙特利尔会议讨论国际河流流域污染问题；1982年的《联合国海洋法公约》；1990年国际安全供水及环境卫生会议的《新德里宣言》；1992年《都柏林关于水与环境国际会议的声明》；1992年联合国环境与发展大会的《21世纪议程》第18章为水资源专题。由联合国欧洲经济委员会起草《跨界水道和国际湖泊保护和利用公约》，它是关于跨边界水资源的保护与使用方面的第一个国际公约，其主要目的在于强调采取国内的和国际的防治措施，使跨边界水体，包括地表水和地下水，得到保护和良好的生态管理。

在以上相关活动及法规、文件的影响下，国际法委员会先后任命5位特别报告员，对公约拟采用的概念、规制对象、适用范围以及水使用原则、文本条款等内容做了报告。1984年完成草案拟定，在由联合国大会邀请各国对公约草案提出评论和意见、讨论和审议之后，于1994年完成了第二次修正报告并在联合国第49届大会得以通过，但被要求进行再修改。通过1996年12月和1997年5月先后二次投票，最终在1997年联合国第51届全体会议上以103票赞成、27票弃权、3票反对(中国、土耳其和布隆迪)的表决结果，通过并定名为《国际水道非航行使用法公约》(Convention on the Law of the Non-navigational Uses of International Watercourses)(联合国第51/229号决议)(孔令杰和田向荣，2011)。根据公约第36条的规定“公约应自第三十五份批准书、接受书、核准书或加入书交存于联合国秘书长之日后的第九十天起生效”。当越南成为第35个签约国后，这份经过了17年开放签署的公约于2014年8月17日正式生效。

从1966年的《赫尔辛基规则》到1997年的《国际水道非航行使用法公约》经历了32年，而《国际水道非航行使用法公约》从1971年到2014年则经历了共44年从编纂、修订到生效的历程，可见，出台一部指导跨境水资源利用与保护的国际法的困难及其艰辛。比较《赫尔辛基规则》与《国际水道非航行使用法公约》之间基本原则的变化与发展，可以发现：①《国际水道非航行使用法公约》将《赫尔辛基规则》的“公平利用”原则发展为“公平利用与参与”原则。国际法委员会对这一原则的解释为“公平参与不仅是公平利用的发展，而且与之相联系，因为实现国际水道的最佳利用和各水道国的受益，需要各水道国通过参与国际水道的保护和开发；同时，公平参与也暗含水道国有在确保水道使用和受益的公平份额方面得到其他水道国予以合作的权利”。②《国际水道非航行使用法公约》规定各水道国有“合作义务”，这是《赫尔辛基规则》中没有的。国际法委员会对其的进一步说明为“水道国应在主权平等、领土完整和互利的基础上进行合作，以便实现国际水道的最佳利用和充分保护”。③《国际水道非航行使用法公约》第四部分“保护、保全和管理”，具体条款关注了四个问题，即水污染、流域生态系统、水利设施及联合管理，其中对流域生态系统保护与保全的关注体现了当代可持续发展理念。④《国际水道非航行使用法公约》以“水道”概念代替更为科学的“流域”概念，这在该法编纂过程曾引起了广泛且较为激烈的争论。采用“水道”概念，其一，回避了“流域”概念中涉及土地等一系列问题，以及由此进一步加剧制订该法规的难度；其二，与“流域”相比，采用“水道”使得该法规的调整对象得到聚焦，即国际河流河道及其水，而简化了流域内陆地生态系统变化与水的关系；其三，“水道”概念从早期国际水法中专指“可航行河段”，发展为包括地表水、地下水及其两者相互关联的系统，为未来进一步发展跨境地下水相关国际法埋下了伏笔。

根据联合国粮食及农业组织(FAO，1978，1984)的有关统计：从1805—1977年，全球共产生了2000多个涉水国际条约，其中绝大多数是关于航运的。利用美国俄勒冈州立大学建立的“国际淡水条约数据库”(1864—2007)、美国俄勒冈大学的“世界环境协定”(International Environmental Agreements)(1850—2017)数据库信息和FAO的“法律与政策”数据库(FAOLEX Database)，发现1802—2017年全球共签订了直接与水资源相关的国际条约共563个，其中第二次世界大战之后(1945—2017年)签订的国际水条约共435个。

总体上来说，随着水资源利用目标的多元化以及人类开发利用强度的增加，特别是第二次世界大战之后，随着全球经济的复苏、快速发展和水资源需求的大幅增长，跨境水资源的开发利用明显增强，跨境水资源从早期单一目标的利用向多目标综合方向发展，如航行、捕鱼、灌溉，水电开发、水资源共享、水污染控制、洪水管理和水资源联合管理等；跨境水资源的开发水域，从国际河流、湖泊的地表水扩大到各种形态的国际水域，如河口沼泽水、冰川、地下水、近海水域等；跨境水资源的管理涉及从法学、公共与行政管理学、国际关系学发展到水文学、地理学、生态学、环境学、工程学等学科。国际水法基于以上的发展与变化，结合国际河流的多样性、独特性、相对性以及区域性，国家间水条约或协议日益增多，涉及跨境水资源的国际条约数量不断增加。近几十年来，国际条约更多地集中于国际河流方面，在联合国、区域政府间机构和非政府组织(如国际法协会)等一些国际性机构的努力与推动下，国际水法在总结以前的国际河流利用双边及多边协议、国际惯例、公约等的基础上，以适用于国际河流的多样性和满足各国多种需要为目标，制定了一些具有广泛应用价值的纲领性条约，使其能作为各国际河流合理开发利用的依据，并为各河流流域国制定更为详细的开发利用条约或协定提供一般性原则或规则。国际河流水资源利用与管理的制度、国际水法的基本原则正在得到不断实践与完善，并不断被世界各国认可，其中防止水资源污染、实现水资源合理利用与保护流域水环境成为国际水法发展的主要内容和方向。虽然国际水法涉及众多水域，但是目前仍集中于国际河流与湖泊、国际运河、国际海峡及跨界含水层几个类型，其中跨界地下水正发展成为一个新的领域。

第二节　国际水法主要原则

《国际水道非航行使用法公约》于2014年8月17日生效，是第一个旨在实现跨境水资源最佳利用与保护的全球性框架公约，它的生效在跨境水资源领域具有里程碑意义。

《国际水道非航行使用法公约》包括7个部分共37项条款。第一部分“导言”共包括4项条款，重点明确了该法的适用范围并定义了“国际水道”“水道”及“水道国”3个用语的含义。第二部分“一般原则”共6项条款，是该法的核心内容，体现了当代国际水法的基本原则。第三部分“计划采取的措施”共9项条款，主要对各流域国水利用计划资料信息的交换与协商，通知可能受计划实施影响的国家，被通知国对通知的答复期限，通知国在答复期限内的义务等进行了规定。第四部分“保护、保全和管理”共7项条款，其核心是保护与维护国际水道的生态系统，体现了在当前形势下保护国际河流及其生态系统的重要性，实现流域及其水资源可维持利用的愿望。第五部分共2项条款，分别规定了“有害状况”和“紧急情况”下相关流域国的行为义务，包括采取适当措施、通报信息等。第六部分“杂项规定”共5项条款，涉及武装冲突期间国际水道及设施的保护、争端解决建议方案等。第七部分“最后条款”共4项条款，明确了该法的可签约对象及其签约方式，规定了该法最终生效的基本要求等。

一、基本原则及其内涵

《国际水道非航行使用法公约》第二部分“一般原则”(General Principles)共包括了6项原则，体现了国际水法通过长期发展与总结而形成的主要基本原则，总结起来包括：公平合理利用原则(equitable and reasonable utilization)、不造成重大损害的义务(obligation not to cause significant harm)、一般合作义务(general obligation to cooperate)和经常地交换数据和资料的义务(regular exchange of data and information)等。从国际法委员会对各原则的解释体现出其各自的具体法律含义。

1. 公平合理利用原则

在《国际水道非航行使用法公约》中，体现国际河流跨境水资源的公平合理利用原则的是其第 5 条“公平合理的利用和参与”。该条款较《赫尔辛基规则》“公平合理利用”(第 4 条)有所发展，确认了流域国的 3 项权利，即公平利用权、合理利用权以及参与利用权，同时也隐含着流域国应尊重、承认所有流域国均相应拥有的权利，而这些权利的实现则需要流域国之间的合作。无论是《国际水道非航行使用法公约》的“公平合理利用与参与”，还是《赫尔辛基规则》的“公平合理利用”，其关键词仍然是“公平”与“合理”。

公平合理利用原则是国际水法中最基本的原则之一，源于跨境水资源的水量分配或共享。同时该原则在许多重要的国际公约和国际条约中都有直接或间接的体现，虽然其用语和提法不尽相同，但都承认相关国家在共有自然资源的使用和受益方面有着平等和相应的权利。这一原则明确了各流域国均拥有利用共享水资源的权利，即各流域国有权在其领土内公平、合理地利用国际河流水资源并共享利用所产生的利益，但这一权利又受限于不损害其他流域国家同样的权利。

公平合理利用原则在共有资源的相关国际法中具有普遍意义。其一，从公平利用来说，各流域国有权利用其领土内水资源，包括源于或流经或作为国家边界的国际河流河段内的水资源，这是国家主权的一部分；同时基于国际法的主权平等原则，各流域国享有与其他流域国相同的利用国际河流水资源的权利，综合这两点就为公平利用。但跨境水资源的“公平”利用并不等于平均地利用，如不能说在流域国之间平均分配用水量才是“公平”利用。其二，对于合理利用，在可持续发展理念下，跨境水资源利用的目标是实现最佳利用和受益，这就意味着能实现这一目标的水利用才是合理的。即使流域国间达到了一个公平用水的概况，但是造成了流域生态系统的破坏或失衡，或者说产生了一个“公地悲剧”结果，这样的水资源利用仍然是不合理的。

对于“公平合理地利用”，《赫尔辛基规则》第 5 条和《国际水道非航行使用法公约》第 6 条均给出了相关的衡量因素，且两者间类似。如《国际水道非航行使用法公约》第 6 条规定：每一流域国家有公平合理地分享利用某一国际河流水的权利，但公平合理份额，应由有关流域国考虑每一具体情况中的所有有关因素后加以确定。这些因素包括：地理、水道测量、水文、气候、生态和其他属于自然性质的因素；有关水道国的社会和经济的需要；每一水道国内依赖水道的人口；一个水道国使用水道对其他水道国的影响；对水道的现行使用和可能的使用；水道水资源的养护、保护、开发和节约使用，以及为此采取的措施的费用；某项计划或现有使用有无其他价值相当的备选方案。

总的来说，公平合理利用原则反映了其在国际河流开发利用与管理中的理论与实践趋势，而且公平合理利用有着坚实的国际法基础，并为各国使用、开发和保护国际河流水资源奠定了基础。

2. 不造成重大损害的义务

《国际水道非航行使用法公约》对“不造成重大损害的义务”(第 7 条)的具体规定是“水道国在自己领土内利用国际水道时，应采取一切适当措施，防止对其他水道国造成重大损害。如对另一个水道国造成重大损害，而又没有关于这种使用的协定，其他用造成损害的国家应同受到影响的国家协商，适当顾及第 5 条和第 6 条规定，采取一切适当措施，消除或减轻这种损害，并在适当的情况下，讨论补偿的问题。”

“不造成重大损害的义务”是国际水法中另一重要的基本原则。该原则源于古罗马法律，在跨境水资源领域主要用于处理跨境水污染问题。如在《赫尔辛基规则》中被列在“污染”一章中，其规定为“应采取所有合理措施来减轻污染，至少不引起重大危害；造成严重损害的，应停止有害活动，并对受污染损害的流域国进行相应赔偿”。该原则是指相关国家应以不对其他流域国家造成损害的方式利用国际河流的水，这是一个行为义务。该原则是以一个否定形式做出的，在一定程度上限制了国家在开发其境内水资源的主权自由度，其限制程度长期以来是依赖于各类国际条约对“损害/危害”的具体规定，直至目前多以“重大的”(significant)、“严重的”(serious)予以确定。但在现实实践中，如何量化评价“重大”损害仍旧是一个挑战。

国际法委员会(1994)在《国际水道非航行使用法公约》中对该原则的规定着眼于：在每一具体案件中达到公平结果的同时尽力避免重大损害的程序。而制订该原则的依据在于：①当损害发生时，仅有“公平合理利用原则”不足以为各国提供指导；②各国须作出适当的努力，以不致造成重大损害的方式使用水道；③某一开发活动本身带来重大损害的事实不一定构成予以阻止的依据。因为国际水道的公平合理使用可能仍会对另一水道国造成损害。为此，该公约以“作出适当努力的义务”作为国家活动门槛，这是为了保证在利用国际水道时不会发生重大的损害。该项义务是行为的义务而不是结果的义务，并规定在利用水道时造成重大损害的水道国在下列情况下被视为违反了须“作出适当努力的义务”：出于故意或疏忽造成应该防止的事件；或出于故意或疏忽没有防止其境内的其他人造成该事件；或不予消除。因此，“国家可能需要负责的情况为……没有制定必要的法律、没有执行法律……没有防止或终止非法活动、没有惩罚需为该事件负责的人。”

从以上国际水法中两大基本原则的内涵看，公平合理利用与不造成重大危害之间在未来的实际应用中会存在一定的矛盾。但从国际法委员会对这一问题的认识：在若干情况下，国际水法的“公平合理利用”可能仍会对另一水道国造成损害，因此公平合理利用原则仍然是维持、平衡所涉利益的指导性标准。可见，当两个原则出现矛盾时，公平合理利用原则处于一定的优先采用地位。

3. 一般合作的义务

近几十年来，在各种各样的政府间、国际组织间产生的宣言和决议都强调在利用共同自然资源方面进行国家间合作的重要性。如1972年《联合国人类环境会议的宣言》(也称《斯德哥尔摩宣言》)在讨论共有水资源的利用和环境保护方面的合作问题时，原则24规定“有关保护和改善环境的国际问题应当由所有的国家，不论其大小，在平等的基础上本着合作精神加以处理，必须通过多边或双边的安排或其他合适途径的合作，在正当地考虑所有国家的主权和利益的情况下，防止、消灭或减少和有效地控制各方面的行动所造成的对环境的有害影响”。1974年《各国经济权利和义务宪章》第二章第3条规定“对于二国或二国以上所共有的自然资源的开发，各国应合作采用一种报道和事前协商的制度，以谋对此种资源作最适当的利用……”；第三章第30条规定“所有国家应进行合作，拟定环境领域的国际准则和规章”。1982年《联合国海洋法公约》第197条“在全球性或区域性的基础上的合作”要求各国“在为保护和保全海洋环境而拟订和制订符合本公约的国际规则、标准、建议、办法及程序时进行合作”，以及1982年国际法协会《关于国际流域水污染的规则》认识到“各国合作对确保有关国际水道的程序规则和其他规则的效力具有重大的意义”，并在第4条规定“为实行规则的规定，各国应同其他有关国家合作”。

在以上诸多国际性文件和决议中要求相关当事国在资源环境领域内进行合作的影响与推动下，《国际水道非航行使用法公约》第5条“公平合理的利用与参与”第2款规定“水道国应公平合理地参与国际水道的使用、开始和保护。这种参与包括本公约所规定的利用水道的权利和合作保护及开发水道的义务”；第8条“一般合作的义务”规定“水道国应在主权平等、领土完整、互利和善意的基础上进行合作，使国际水道得到最佳利用和充分保护”。

国际法委员会对该原则的评注包括：规定水道国彼此间进行合作的一般义务，以便各国履行义务和实现该公约目标；各水道国之间在其利用国际水道方面进行合作是实现并保持公平分配水道的使用和利益的重要基础；水道国之间合作义务的国际法基础是主权平等、领土完整和互利，而合作的目的即为该公约的目标，即实现国际水道的最佳利用和充分保护。

鉴于国际河流的整体性、各流域国间水资源开发利用的相互关联性与相互影响，实现国际河流水资源的永续利用，其基本条件、重要基础是各流域国间实现密切合作。《国际水道非航行使用法公约》是首次在具有普遍意义的国际公约中将国家间“合作”确定为基本原则，使得公平合理利用原则在合作义务的支持下进一步得到强化与补充，体现了国家间合作在推动国际河流的综合开发与管理和实现共享水资源的最佳利用和受益的必要性与重要性的发展趋势。

二、其他重要原则及其内涵

1. 交换数据与资料

《国际水道非航行使用法公约》中对“交换数据与资料”原则的相关规定分别涉及第 9 条“经常地交换数据和资料”(regular exchange of data and information)：水道国应定期交换可随时得到的关于水道状况的数据和资料，特别是关于水道水文、气象、水文地质和生态性质的、与水质和水情预报相关的信息；如果一个水道国要求另一个水道国提供不属于随时可得到的数据或资料，后者应尽力满足这种要求，但可附有条件，如要求信息需求国支付搜集和酌情处理这些数据或资料的合理费用；水道国应尽力以便于接收数据资料的其他水道国利用该数据资料的方式搜集并在适当情况下处理数据和资料。第 11 条“关于计划采取的措施的资料”(information concerning planned measures)和第 31 条“对国防或国家安全至关重要的数据和资料”(data and information vital to national defence or security)等，表现出最新的国际水法公约对国际河流水资源利用与管理中数据与资料在流域国之间共享的关注程度。

国际法委员会对制订相关原则的评注包括：各水道国间相互交换必要的数据和资料不但是确保实现公平合理利用和不造成重大损害的一般起码的要求，也是“一般合作义务”的具体应用与体现。“经常地”交换数据和资料，是为了确保水道国能够掌握必要的情况以便履行公约第 5—7 条所规定的义务，也表明了一个连续的、有系统的过程，而非临时性提供情报的规定。“随时可得到的”(readily available)数据和信息用以表示一个一般的法律义务，即水道国只有义务提供其一般掌握的资料，如为自己使用而已收集或容易取得的资料，而不应该被要求提供需花很大的努力和代价取得的资料。“生态”特征的资料和信息主要是指与水本身直接相关的生物资源信息，而非涵盖更为广泛的“环境”信息，从而避免给被要求提供信息的水道国造成过分的负担。

对于数据与信息的交换，《赫尔辛基规则》第 29 条第 1 款规定“为了防止流域国之间产生与法定权利或其他利益有关的争端，建议每一个流域国向其他流域国提供与本领土上流域水资源及其利用活动有关的、合理的资料。”，以及第 2 款“不管一个国家在流域中的位置如何，对于可能会改变流域水情，引起第二十六条所定义争端的任何建议工程或设施，该国应特别向其利益可能会受到实质影响的其他领域国提供和通知情况。提供的情况应包括基本资料，可以使接受资料的国家据以评价建议工程或设施的可能影响”。1992 年联合国欧洲经济委员会制订的《跨界水道与国际湖泊保护和利用公约》(Convention on the Protection and Use of Transboundary Watercourses and International Lakes) 第 13 条“流域国之间信息交换”第 1 款规定“流域国间应在相关协议或其他安排的框架内按照该公约第 9 条的规定，就合理可用的数据进行交换”，等等。

总之，定期交换关于水道状况的数据和资料，是对流域基本概况进行分析和了解的基础，是对全流域进行统一规划与管理的基本条件。水道国能够掌握履行公平利用与不造成重大危害等各项义务及规划所需的资料，对推动实现国际河流的最佳利用和受益具有重要意义。

2. 减少和控制污染

从 20 世纪 60 年代开始，国际河流上的水污染问题逐步受到国际法的关注，有关国际组织和国际法院等相继出台了一些涉及水污染问题的规定、原则、规则乃至法律文件等。如国际法协会，1960 年在其四十九届大会报告中提出“水污染控制建议”，即在各个国际河流流域国之间建立污染控制委员会，并确定委员会的职能范围；委员会需对流域水污染控制与减轻开展初步研究。1966 年《赫尔辛基规则》第三章“污染”共 3 条，包括对水污染的定义、水污染防止原则、水污染责任确定与纠纷解决等。1982 年专门制订了《国际流域水污染规则》(Rules on the Water Pollution in an International Drainage Basin)，要求国际河流各流域国在公平利用水资源的基础上采取适当且可行措施防止、减轻当前污染及可能的污染。1982 年《联合国海洋法公约》第 194 条“防止、减少和控制海洋环境污染的措施”，有 5 项具体条款规定了各国针对不同海洋污染源应采取的措施。

《国际水道非航行使用法公约》将“污染”问题归入第四部分“保护、保全和管理”，第 21 条“预防、减少和控制污染”包括 3 项具体条款：国际水道污染是指人的行为直接或间接引起国际水道的水在成分或质量的任何有害变化；水道国应单独地和在适当情况下共同预防、减少和控制可能对其他水道国或其环境造成重大损害的污染，水道国应采取措施协调他们在这一方面的政策；在任何水道国提出要求时，水道国之间应进行协商以便确定应禁止、限制、调查或监测排入国际水道的物质清单。国际法委员会对该条款的法律评注主要包括：条款中的“污染”定义是一个事实定义，包括各种污染，是人为活动引起水的“成分或质量”的有害变化；水的成分是指水中所含的所有物质，质量即为一般所说的水质，指水的基本性质和纯度；考虑到有些国际河流未受到污染而有些则已遭到不同程度污染的实际情况，“预防”义务是针对国际水道的新污染，而“减少”和“控制”义务则是针对现有的污染；“预防、减少和控制可能带来重大损害的污染”的义务也包括对预防污染所造成的损害作出努力的义务和“采取措施协调它们的政策”的义务；“单独或共同”对应于公约前文中的“公平合理参与”和“一般合作”义务；“造成重大损害的污染”也是“不造成重大损害义务”的具体应用内容之一。

从以上相关的国际法文件可见，国际河流利用与管理中水污染的预防、减少与控制问题已经成为国际水法规制的一个重要方面。

3. 保护与维持生态系统

保护和维持生态系统的必要性，在国家间、国际组织、国际性大会的协定、决议、工作报告、宣言等中得到确认或有类似阐述。如1968年《关于保护自然和自然资源的非洲公约》(African Convention on the Conservation of Nature and Natural Resources)第10条“保护区”中规定“缔约国应该在其领土及内陆水域内适当维持和扩展保护区范围，以保护最具代表性和特有的生态系统”。1977年阿根廷马德普拉塔举行的联合国水事会议通过的决议中涉及有“环境与健康”的建议：评价水的各种使用对环境的影响，支持旨在控制水媒疾病的措施并保护生态系统。1982年《联合国海洋法公约》第192条提到“保护和保全海洋环境”。1985年《关于保护自然和自然资源的东盟协定》第1条“基本原则”：缔约国承诺采取必要措施维持基本生态进程和生命维持系统，等等。

《国际水道非航行使用法公约》第四部分“保护、保全和管理”，共7项。其中第20条“保护和保全生态系统”规定：水道国应单独地或共同保护与保全国际水道的生态系统；第22条“引进外来或新的物种”规定：水道国应采取一切必要措施，防止把可能对水道生态系统有不利影响从而对其他水道国造成重大损害的外来物种或新物种引进国际水道；第23条“保护和保全海洋环境”中规定：水道国单独或共同对国际水道采取一切必要措施，以保护和保全包括河口湾在内的海洋环境。国际法委员会对以上条款的主要评注包括：“保护”义务的本质是要求水道国保护国际水道生态系统，使其免受损害和破坏；“保全”义务特别适用于那些原始的或未遭受破坏的淡水生态系统，意为尽可能保持其自然状态；“保护”与“保全”两者的结合有助于确保这些生态系统的持久存在，为维持流域可持续发展提供一个重要基础；条款强调了引入外来物种或新物种与重大损害之间可能存在的联系，从而提出防止措施，并与不造成重大损害原则之间保持了一致性；公约考虑到陆源污染(包括国际水道)给海洋带来的日益严重的问题，结合《联合国海洋法公约》的相关规定，要求对国际水道采取措施以保护海洋环境；第23条是对第20—22条保护和保全义务的进一步补充，并要求通过对国际水道的污染而对该水道河口湾造成损害的水道国承担采取必要措施保护和保全该河口湾的义务；“海洋环境”被理解为海洋水体、海洋生物等，特别包括水、海生动植物以及海床和洋底。

保护河流生态系统的完整性与可持续性已经受到诸多国际法的关注，包括国际河流流域生态系统，该原则目前正在通过推动“流域综合/整体管理”(Integrated Watershed Management)的方式在全球许多地区和流域进行实践。

4. 争端的解决

许多国际公约和条约涉及解决国家间争议的原则与条款。例如：《联合国宪章》第六章“争端之和平解决”共6项条款(第33—38条)为其会员国制订了和平解决争端的程序规则；《维也纳条约法公约》第66条“司法解决、公断及和解之程序”规定了争端解决的程序，包括提请国际法庭裁决和请求联合国秘书长启动附件规定的程序；1982年的《关于和平解决国际争端的马尼拉宣言》；1970年的《关于各国依联合国宪章建立友好关系合作之国际法原则宣言》(简称《国际法原则》)中共有7项原则直接涉及国际争端的解决，包括“各国应以和平方法解决其国际争端避免危及国际和平、安全及正义”等；1992年《联合国气候变化框架公约》第14条有5项条款规定了争端解决程序；1992年《生物多样性公约》第27条“争端的解决”共5项条款及附件2共提出了谈判、斡旋、调停、调解、仲裁及提交国际法院6种解决国际争端的具体程序；1966年《赫尔辛基规则》第六章“争端的防止与解决程序”共12条，用于“防止和解决国际河流流域内流域国及其他国家间水资源权利或其他利益的国际争端程序”，等等。

《国际水道非航行使用法公约》第33条“争端的解决”规定了对该公约解释或应用产生争议/争端的解决机制，其中第2款规定了争端解决的具体方法，包括谈判、协商、第三方调解或斡旋、建立联合水道机构、将争端提交仲裁或国际法院裁决；第4—9款规定了在争议相关方没有其他协议的情况下，设立事实调查委员会、开展事实调查、完成调查报告并提出争端解决建议的程序；第10款规定在争端相关方没有特别协议时的强制解决方法，即将争议提交国际法院，或依据该公约附件规定的程序设立仲裁庭并进行仲裁，除非争议各方另有协议。

《国际水道非航行使用法公约》争端解决的相关条款，与1966年国际法委员会的《赫尔辛基规则》和1992年联合国欧洲经济委员会的《跨境水道与国际湖泊保护与利用公约》(国际上通常将其简称为《赫尔辛基公约》)中所列条款基本相同，显示出该公约所规定的争端解决程序规则是存在国际法基础的，具有普遍意义和参考价值。

第三节　《国际水道非航行使用法公约》影响力探讨

一、《国际水道非航行使用法公约》产生与生效过程简况

1971 年国际法委员会在联合国大会的建议下将国际水道非航行使用议题列入工作方案，并先后任命 5 位特别报告员，对《国际水道非航行使用法公约》主要进行内容进行报告，并由联合国大会邀请各国对公约草案进行讨论和审议之后，在 1997 年联合国第 51 届全体会议上表决通过。根据公约第 36 条的规定，当越南成为第 35 个签约国后，该公约经过了 17 年的开放签署于 2014 年 8 月 17 日正式生效，并对缔约国具有法律约束力。

自该公约在联合国大会通过之后，许多学者对该公约的争端解决方法、争议条款、生效影响等开展了研究(Zhong et al.，2016；郝少英，2013；张晓京，2010；刘华，2015；孔令杰，2012；Salman et al.，2007a，2007b；Helal，2007；谷德近，2003；李铮，2001；Malgosia，1997)，主要结论包括：该公约生效使得和平解决水争端成为主流，但强制性争端解决方法有侵犯国家主权和扭曲《联合国宪章》之嫌，不利于实现该公约的目的和宗旨；该公约对中国没有法律效力，但会影响我国的国际形象以及与邻国跨境水资源合作方式；该公约未能妥善平衡上下游国家、先后开发国家之间利益诉求等，但仍是对当前国际法最权威的编纂和发展；该公约在“公平合理利用原则”与“不造成重大损害原则”的关系问题，偏袒下游国利益而对上游国设定过多义务问题，“争议解决程序”以及“计划采取措施的事前通知程序”等产生了争议。

在跨境水资源竞争利用日趋激烈的情况下，全球 151 个国际河流流域国中仅有少数国家成为《国际水道非航行使用法公约》缔约国，造成这一情况的原因或影响因素，至今很少有人进行讨论。本节通过分析《国际水道非航行使用法公约》缔约国和其水资源及利用差异、缔约国在相关国际河流的区位差异及对其跨境水资源依赖性等，结合该公约的基本原则与争议条款，以揭示相关国家缔结公约的目的影响因素，探讨该公约未来在跨境水资源利用与管理领域的影响力。

二、《国际水道非航行使用法公约》缔约国差异分析

1. 缔约国区域分布差异

截至2015年10月,《国际水道非航行使用法公约》缔约国共36个(International Water Law Project，2015)，分布于欧洲、非洲和亚洲3个大洲(表4-1)。比较全球及其在各地的国际河流分布、涉及国家情况：①欧亚非3个大洲不仅拥有最多的国际河流数量(占总数的70%)，而且这些国际河流涉及三大洲国家总数量的80%以上，国际河流在这些地区具有重要地位；②南北美洲没有缔约国，但国际河流及其所涉及国家的数量和比例仍旧可观，如国际河流流域国数量占两洲国家数量的近50%；③缔约国数量占联合国成员国数量的18.8%，占国际河流流域国数量的23%，均是一个有限量，可见《国际水道非航行使用法公约》被认可程度有限；④欧洲和非洲缔约国所涉及的国际河流数量在其区域占比超过50%，将对以上区域国际河流的开发产生重要影响，但在亚洲、美洲的影响力有限。

表4-1 国际河流、流域国及《国际水道非航行使用法公约》缔约国的区域分布情况

Table 4-1 Distribution of the international rivers，the riparian states and the Convention's parties

<table>
<tr><th rowspan="2">地区</th><th colspan="2">国际河流</th><th colspan="2">国际河流流域国</th><th colspan="4">《国际水道非航行使用法公约》缔约国</th></tr>
<tr><th>数量/条</th><th>占总数比例/%</th><th>数量/个</th><th>占各地国家比例/%</th><th>数量/个</th><th>占各地国际河流流域国比例/%</th><th>涉及国际河流数/条</th><th>占各地国际河流比例/%</th></tr>
<tr><td>欧洲</td><td>72</td><td>25</td><td>39</td><td>85</td><td>16</td><td>41</td><td>46</td><td>64</td></tr>
<tr><td>亚洲</td><td>67</td><td>23</td><td>38</td><td>79</td><td>8</td><td>18*</td><td>16</td><td>24</td></tr>
<tr><td>非洲</td><td>63</td><td>22</td><td>49</td><td>86</td><td>12</td><td>24</td><td>33</td><td>52</td></tr>
<tr><td>北美洲</td><td>45</td><td>16</td><td>10</td><td rowspan="2">48</td><td>0</td><td>0</td><td>0</td><td>0</td></tr>
<tr><td>南美洲</td><td>39</td><td>14</td><td>15</td><td>0</td><td>0</td><td>0</td><td>0</td></tr>
<tr><td>全球</td><td>286</td><td>100</td><td>151</td><td>65</td><td>36</td><td>23*</td><td>95</td><td>33</td></tr>
</table>

来源：UNEP & UNEP-DHI，2015；International Water Law Project，2015

*卡塔尔不涉及国际河流，为此亚洲和全球缔约国数量及占比以7个和35个计算。

2. 缔约国在国际河流上位置差异

利用联合国环境规划署(UNEP)等机构于2015年发布的《全球跨境流域》(The Global Transboundary River Basins)的数据和信息，以流域干流为主线，将两国间

跨境河流的位置关系定为上游和下游，3 个及以上国家的跨境河流以 1/3 比例确定上、中、下游关系，界河/界湖的国家位置关系定为边界，对仅位于国际河流支流上的位置定为支流。根据以上位置关系，统计缔约国在不同国际河流上的 5 类位置点数量(表 4-2)，分析其区位差异特征，结果如下。

(1)欧洲：16 个缔约国共涉及国际河流 46 条，有 81 个相对地理位置点，每个缔约国平均有 5.1 个位置点，缔约国在国际河流的位置关系复杂多样。下游位置点占该区域位置点总数的 42%，是占比最大的位置点类型。16 个缔约国中，3 国(匈牙利、卢森堡和黑山)仅位于支流或中游，3 国(芬兰、法国和英国)的上、下游位置点相同，并兼有其他 3 类位置点；西班牙的上游位置点数明显大于下游位置点数，是明显的上游国；其他 9 个缔约国，因只有下游和边界位置点，或者下游位置点明显多于上游位置点，应被识别为是典型的下游国，占欧洲缔约国数量的 56%。

(2)非洲：12 个缔约国涉及国际河流 33 条，有 46 个位置点，每个缔约国平均有 3.8 个位置点，缔约国在国际河流上的位置关系相对简单。在 46 个位置点上，下游和边界点位置各 13 个，均占该区域位置点数量的 28%，占比最大；支流、上游和中游 3 类位置点分别占比 20%、15%、9%；5 类位置点的分布比例差异不大；12 个缔约国中有 6 个(占该地区缔约国的 50%)为下游国；仅布基纳法索是绝对的上游国，摩洛哥和南非兼有上游、下游和边界位置，但上游位置点数多于下游位置点，以上 3 国有较明显的上游国特征。

(3)亚洲：8 个缔约国涉及国际河流 16 条，共有 23 个位置点，每个缔约国平均有 2.9 个位置点，相对于欧洲和非洲，亚洲缔约国在国际河流上的位置关系更为简单。下游位置点 11 个、占该区域位置点总数的 48%，占比最大；4 个缔约国(占该区缔约国的 50%)具有突出的下游国特征；叙利亚是上游国特征明显的缔约国。

(4)全球：36 个缔约国共涉及 95 条国际河流，各国在相关河流上共产生了 150 个位置点。其中，下游位置点 58 个(占 38%)，数量最多；其次是支流(32 个)、上游(28 个)和边界(25 个)的位置点，分别占总数的 21%、19%和 17%，三者间的数量与比例相当；最少的是干流中游位置点数(7 个)，仅占总数的 5%；三大洲共有 19 个国家为下游国(占缔约国总数的 54%)，表明下游国对《国际水道非航行使用法公约》的认可度明显高于其他区位的国家。

表 4-2 《国际水道非航行使用法公约》缔约国及其在相关国际河流上的地理位置分布

Table 4-2 The convention's parties and their locations on the international rivers

缔约国及所在区域		支流/个	干流				国际河流		
			上游	中游	下游	边界	数量/条	占国土面积比例/%	名称
欧洲	匈牙利	0	0	1	0	0	1	100.0	Castletown、Flurry、Glama、Jacobs、Kemi、Lough Melvin、Roia、Wiedau、Yser、埃布罗河、奥兰加湖、奥卢河、班恩河、比达索阿河、波河、多瑙河、德林河、杜罗河、厄恩河、芬河、福伊尔河、瓜的亚纳河、加伦河、克拉尔河、隆河、利马河、莱茵河、梅里奇河、米尼奥河、奈斯托斯河、奈泰默河、奥得河、普雷斯帕湖、帕斯维克河、斯凯尔特河、塞纳河、斯特鲁马河、托尔尼奥河、塔霍河、图洛马河、塔纳河、易北河、伊松佐河、武奥克萨河、瓦达河、维约瑟河
	卢森堡	1	0	0	0	0	1	99.5	
	黑山	2	0	0	0	0	2	71.4	
	西班牙	1	4	0	1	2	8	57.6	
	丹麦	0	0	0	1	0	1	1.8	
	瑞典	1	0	0	1	1	3	15.5	
	荷兰	1	0	0	1	0	2	33.8	
	德国	1	1	0	2	1	5	71.2	
	芬兰	2	3	0	3	1	9	50.5	
	法国	2	3	1	3	1	10	45.6	
	英国	1	3	0	3	0	7	3.8	
	意大利	3	0	0	3	0	6	28.2	
	挪威	2	2	0	4	0	8	6.5	
	爱尔兰	1	2	0	4	0	7	4.8	
	希腊	0	1	0	4	1	6	18.8	
	葡萄牙	0	0	0	4	1	5	48.7	
非洲	乍得	1	0	0	0	1	2	95.1	Cestos、Dra、Etosha-Cuvelai、Oued Bon Naima、Sanaga、Thukela、Umbeluzi、阿帕亚费河、奥兰治河、奥卡万戈河、比亚河、道拉河、科马蒂河、科莫埃河、科鲁巴尔河、吉尔干河、马普托河、迈杰尔达河、莫诺河、尼日尔河、卡瓦利河、克罗斯河、库内纳河、林波波河、热巴河、萨桑德拉河、圣约翰河、塔夫纳河、塔诺河、韦梅河、沃尔特河、赞比西河、乍得湖
	利比亚	1	0	0	0	0	1	0.3	
	尼日尔	0	0	1	0	1	2	99.1	
	布基纳法索	0	2	1	0	0	3	100.0	
	摩洛哥	0	3	0	1	1	5	19.6	
	突尼斯	0	0	0	1	0	1	10.0	
	纳米比亚	1	0	0	1	3	5	68.3	
	南非	1	2	0	1	2	6	65.2	
	贝宁	1	0	1	2	0	4	95.1	
	几内亚比绍	0	0	0	2	0	2	45.2	
	尼日利亚	2	0	0	2	2	6	87.2	
	科特迪瓦	2	0	1	3	3	9	55.4	

续表

缔约国及所在区域		支流/个	干流				国际河流		
			上游	中游	下游	边界	数量/条	占国土面积比例/%	名称
亚洲	巴勒斯坦	0	0	0	0	1	1	55.0	An Nahr Al Kabir、Nahr El Kebir、Song Vam Co Dong、Wadi Al Izziyah、奥伦特斯河、北仑河、北江、大江、底格里斯河-幼发拉底河/阿拉伯河、红河、马江、湄公河、塔拉斯河、西贡河、咸海、约旦河
	乌兹别克斯坦	1	0	0	0	1	2	53.1	
	卡塔尔*	0	0	0	0	0	0	0.0	
	伊拉克	0	0	0	1	0	1	73.1	
	约旦	1	0	0	1	0	2	25.5	
	黎巴嫩	2	0	0	1	1	4	28.5	
	叙利亚	0	2	1	1	1	5	72.8	
	越南	1	0	0	7	0	8	59.0	
欧洲	16	18	19	2	34	8	81		46
非洲	12	9	7	4	13	13	46		33
亚洲	8	5	2	1	11	4	23		16
全球	36	32	28	7	58	25	150		95

数据来源：International Water Law Project，2015；UNEP & UNEP-DHI，2015；*卡塔尔无国际河流。

3. 缔约国国际河流及跨境水资源差异

1)缔约国国际河流分布

利用《全球跨境流域》的流域面积数据及相关研究成果(何大明和冯彦，2006；Gleick，2002；Wolf et al.，1999)，确定《国际水道非航行使用法公约》缔约国国际河流流域面积占其国土面积的比例(表 4-2)，结合缔约国间在国际河流上的地理位置差异，判断位于不同位置缔约国对国际河流的关注程度，如国际河流流域面积占缔约国土面积比例越大，则相应的缔约国对国际河流问题越为关注，反之则相对小，结果显示：①对支流缔约国来说，利比亚和卡塔尔两国的国际河流流域面积占比极小甚至没有，但因极度缺水而需要其他水源支撑；黑山和卢森堡的国际河流流域面积占比很大，国际河流对两国极为重要。可见无论国际河流流域面积占国土面积比例多少，国际河流都受到 4 国的关注。②在位于中游、边界及上下游对称分布和上游的 13 个缔约国中，仅有两国(英国和摩洛哥)的国际河流流域面积占比小于 20%，其余 11 国国际河流面积占比均大于 45%，说明国际河流面积大的上中游的流域国有较强的缔结该公约意愿。③对于 19 个下游国来说，无论其国际河流面积占比大还是小，都会关注跨境水问题、愿意缔结该公约，以维护其用水利益。④总体来说，36 个缔约国中有 22 个国家的国际河流流域面积占其国土面积的 45%以上，占缔约国总数的 61%，表明国际河流面积大的国家相对面积小的国家对国际河流问题更为关注。

2) 缔约国跨境水资源

利用 UNEP 于 2015 年发布的《全球跨境流域》所有国际河流各流域国的多年平均径流量数据，确定缔约国对相关国际河流水资源的贡献量(自产水量占流域径流量比例)，结合缔约国地理位置，分析、揭示不同河流位置缔约国对跨境水资源的依赖性与控制力，主要结果见表 4-3。

表 4-3　不同区位缔约国跨境水资源贡献差异

Table 4-3　Water contributions to international rivers of the Convention's parties at different locations

整体位置	具体位置		缔约国数/个	自产水量占流域总水量比例/%		
	名称	点数/个		最小	中位数	最大
支流等	支流	4	3	0	2	32
	无	1	1	0	0	0
	小计	5	4	0	1	32
中游等	支流	7	5	0	2	24
	中游与边界	9	7	0	13	45
	上游	9	3	0	0	83
	下游	9	3	37	94	100
	小计	34	8	0	16.5	100
上游	支流	2	2	0	1	2
	中游与边界	8	5	0	27.75	71
	上游	13	5	0	50	96
	下游	4	4	0	92.5	100
	小计	27	5	0	49	100
下游	支流	19	13	0	0	22
	中游与边界	15	9	0	9	90
	上游	6	4	12	28	64
	下游	45	19	0	48	100
	小计	85	19	0	14	100

(1)4 个位于支流甚至无国际河流的缔约国(黑山、利比亚、卡塔尔和卢森堡)对相关国际河流的水量贡献均很少，各国对跨境水资源的依赖性和控制能力也小。

(2)在河流中游、边界及上下游对称均匀分布的 8 个缔约国中，5 国在支流上对流域水资源的贡献量总体很小；7 国在 9 条/个国际河流(湖泊)的位于中游或边界位置点，大多水资源贡献量低，仅乍得对乍得湖的贡献量达到 45%，依据国际河流分水实践惯例，对边界河流与湖泊的利用多以平均利用为主，相关国家有通过《国际水道非航行使用法公约》争取更多用水份额的可能；3 国(芬兰、法国和英国)各有 3 条河流分别位于上游和下游，作为上游国时 3 国对相关河流的贡献量很低，而 3 国作为下游国时，除芬兰在 1 条河流的贡献量较低外(37%)外，其余的水量贡献量均很高(75%以上)。可见，位于该区位上的绝大多数缔约国在上中游时水资源贡献率很低，而在下游时水贡献量很高，说明相关国家对跨境水资源的控制力很强，或者对其依赖性很少。

(3)5 个上游缔约国中，2 国在支流上的水资源贡献量非常有限；5 国在 8 条河上位于中游或边界位置，4 国对 4 河的水量贡献极小(<6.5%)、3 国对 4 河的水量贡献较大(49%—71%)；5 国是 13 条河流的上游国，在不同流域内水量占比为 0—96%，如果以水量贡献<50%和>50%的缔约国、涉及河流数量和比例分布看，呈平均分布特征；4 国在 4 条河流上位于下游，除叙利亚对 1 条河的贡献量为 0 外，其他 3 国对相应河流的水量贡献接近甚至超过 90%，控制力很强。总体上，5 个上游缔约国除西班牙之外对跨境河流水资源的依赖性和控制力之间能够实现相互制衡。

(4)19 个下游缔约国中，13 国在 19 条支流上的水量贡献普遍很低，其中对 12 条河的水量贡献基本为 0；9 国位于 15 条河湖的边界及中游区域，对相应河湖的水量贡献量为 0—90%，其中 5 国对 11 条河湖的水量贡献率小于 20%，仅 2 国在 2 条河上的贡献率超过 50%，即缔约国对以上河流的水量普遍贡献率很低；4 国位于 6 条河流的上游，仅挪威对塔纳河的水量贡献率达到 64%，对其余 5 条河的水量贡献均≤30%。所有 19 国位于 45 条河的下游，对相关河流的水量贡献量差异最大，贡献率从 0—100%均有分布，其中 14 个国家对 25 个流域(占相关缔约国的 74%、占相关河流的 56%)的贡献≤50%，对上游来水依赖性大；11 国对 20 条河流的水量贡献超过 50%，对以上河流可拥有充分的控制力，但其中有 6 国既在一些河流上对上游来水有很大的依赖性，又在一些河流上具有控制优势，即仅有 5 国对上游来水依赖性小，但对河流的控制力强。总体而言，大多数下游国当其位于上游、中游及支流位置时，其对流域水量的贡献均较低，而当其位于河流下游时对上游来水依赖性均较大，有少数国家因水量贡献大可实现对河流水资源的有效控制。

3）缔约国水资源及其利用差异

基于世界银行 2016 年发布的各国年可更新水量（Actualitix，2016）和年取水量数据（2013 年）（Gleick et al.，2014）、各国人口（2015 年）数据（World Bank Data，2015），可确定《国际水道非航行使用法公约》缔约国年人均水资源量、年人均用水量（图 4-1，无数值部分表示年人均水资源量超过 3000m^3），结合联合国等确定的缺水标准：当人均年可利用水量低于 1700m^3 时，为有“水压力”国家、低于 1000m^3 为“水短缺”、低于 500m^3 为“严重缺水”（Gleick，2002）。

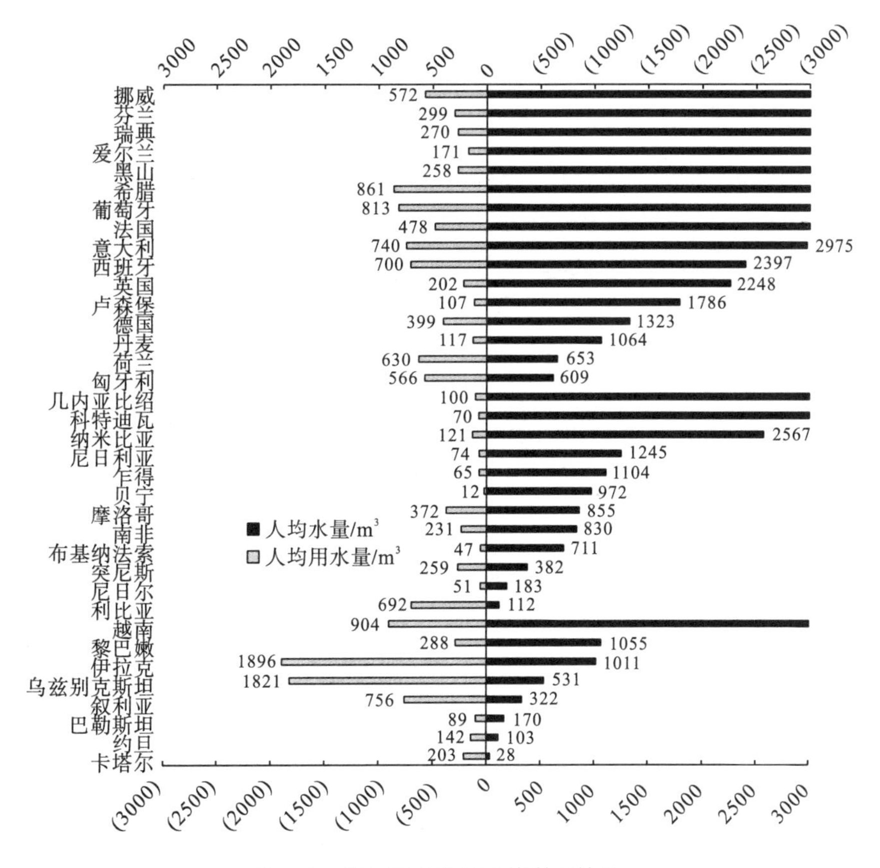

图 4-1　缔约国水资源及其利用差异

Fig.4-1　Differences of the water resources volumes and the uses among the Convention’s parties

缔约国在水资源拥有和利用状况方面出现以下差异：①在欧洲缔约国中，75%的缔约国人均水资源量超过 1700m^3，4 个有水压力的缔约国中有 3 个是下游国；虽然各缔约国的水资源量满足需求，但分别有 1 个中游国（匈牙利）和 1 个下游国（荷兰）的水资源已经用完，未来水资源供给面临巨大压力。②12 个非洲缔约国中，有 75%的国家(9 个)有水压力，其中 8 个为水短缺或严重缺水国家，3 国水资源开发程度>40%，利比亚甚至已出现严重的用水赤字，用水紧张，说明非洲缔约国总体的水资源供给压力很大。③8 个亚洲缔约国中仅有 1 国(越南)人均水资源丰富，却又是一个明显的下游国，其余 7 国不是严重缺水就是水短缺，且主要是下游国和中游国；6 国水资源开发程度超过 40%，其中 5 个已经出现用水赤字，说明在亚洲缔约国用水已经极度紧张。④36 个缔约国中，共有 20 个缔约国(占缔约国总数的 56%)面临“水压力”“水短缺”或“严重缺水”，其中下游国数量最多(9 个)、占比最大(占 45%)，且每个地区各有 3 个国家；14 个缔约国缺水或者严重缺水，其中非洲占 8 国、亚洲有 4 国、欧洲仅有 2 国，说明超过 50%的缔约国面临水资源压力，且下游国占比最大，亚洲和非洲缔约国缺水最严重。

4) 缔约国跨境水资源开发合作基础差异

利用美国俄勒冈州立大学的“国际淡水条约数据库”(International Freshwater Treaties Database)(1820—2007)和俄勒冈大学的“世界环境协定”(International Environmental Agreements)(1850—2016)数据库信息，判识出缔约国跨境水条约合作的主要目标包括：联合管理、一般合作、捕鱼、划界、水量分配等共 10 类。其中，联合管理、合作与综合性条约以明确流域国间合作机制为目的称为“机制性条约”，将明确划界、航行、水电开发等 7 类水资源合作开发的条约称为“目标性条约”，统计缔约国在 1820—2016 年签订跨境水资源各类条约数量(图 4-2、

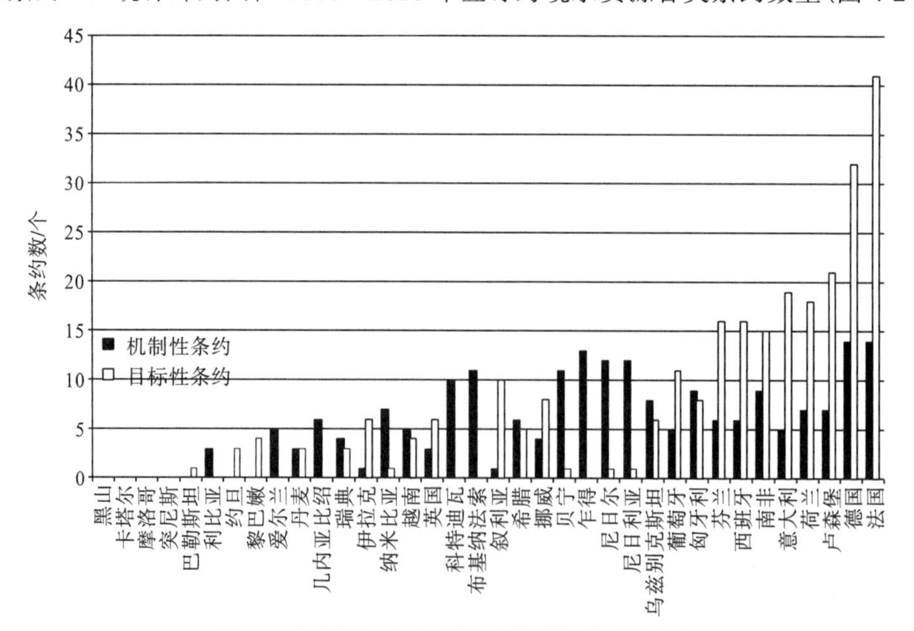

图 4-2 缔约国签订的跨境水资源条约数量分布

Fig.4-2 The numbers of the two types of the treaties signed by the Convention’s parties

表 4-4)，分析缔约国的跨境水资源合作特征：①黑山、卡塔尔、摩洛哥和突尼斯没有就跨境水问题签订过国际条约；②签订机制性条约数量超过 10 个的 8 个国家中，有 6 个非洲国家、2 个欧洲国家，其中 50%的缔约国是下游国，表明通过合作机制建设推进跨境水资源管理的非洲国家和下游国家参与解决跨境水问题的意愿更强；签订目标性条约数量超过 10 个的 10 个国家中，有 8 国来自欧洲，非洲和亚洲各一个；③从三大洲及缔约国地理区位看签约数量，欧洲缔约国和地理位置以下游为主体的缔约国签订有大量的跨境水条约；④欧亚缔约国目标性条约数量都远远大于机制性条约，4 类不同地理区位缔约国的目标性条约数量都多于机制性条约，表明多数缔约国具有明确的跨境水目标开发合作经验，非洲由于其开发利用强度小，机制性条约数量远多于目标性条约。

表 4-4　不同区位缔约国签订的条约数量分布情况

Table 4-4　The numbers and the ratios of the treaties signed by the contracting parties at different positions

位置	缔约国数量/个	条约数量/个	机制性条约		目标性条约	
			数量/个	占比/%	数量/个	占比/%
支流等	4	31	10	32	21	68
中游等	13	144	65	45	79	55
上游	5	68	27	40	41	60
下游	19	224	105	47	119	53
亚洲	8	49	15	31	34	69
非洲	12	113	94	83	19	17
欧洲	16	305	98	32	207	68

三、《国际水道非航行使用法公约》约束力差异及影响力判识

考虑《国际水道非航行使用法公约》“一般原则”的核心条款(公平合理的利用和参与、不造成重大损害义务和一般合作义务)及其争议条款问题，结合缔约国在国际河流地理位置(上中下游、干支流)差异，判断该公约对缔约国水资源利用行为的约束强度、影响要素以及流域国地理位置分布特征的关系(表 4-5)：①对国际河流下游国来说，由于公约对位于不同地理位置的流域国产生了明显的约束力差异，而存在更为强烈的公约缔结意愿，上游国反之；②对于国际河流的中游国、界河/界湖流域国、支流国甚至无国际河流的国家，公约在流域国之间产生的相互制衡作用，或者产生一些对自身无关紧要的影响时，也会形成一定的缔结意愿。

表 4-5 《国际水道非航行使用法公约》约束力与缔约国区位关系的判断结果

Table 4-5 Differences of the Convention's binding powers to its parties with different locations

约束力强度	地理位置	缔约国-区位关系判断要素	缔约国与区位对应情况*
很弱	支流、无*	(1)支流水资源受关注度小;(2)国际上存在流域国对境内国际河流支流资源有充分管控的案例	缔约国4个,其中欧洲2个、非洲和亚洲各1个
弱	下游	(1)依法要求上游国保证其用水利益(公平合理利用);(2)依法要求上游国不能对其产生重大损害;(3)依法要求上游国在开发水资源时与其合作;(4)当流域国间产生争议时,下游国可要求到上游国进行实地调查;(5)以上条款在没有诉求方时对下游国本身不会直接产生约束	缔约国19个,其中欧洲9个、非洲6个、亚洲4个
均衡	中游、边界及上下游对称	无论是公平合理利用原则,还是不造成重大损害、一般合作义务,均会对上下游、左右岸产生对应制衡效应	缔约国8个,其中欧洲4个、非洲和亚洲各2个
强	上游	(1)应下游国要求要合理开发利用水资源(公平合理利用);(2)应下游国要求其水资源利用不能对其产生重大损害;(3)应下游国要求在开发水资源时与其合作;(4)产生争议时,需配合并允许下游国等入境调查	缔约国5个,其中欧洲1个、非洲3个、亚洲1个

*(1)卡塔尔没涉及国际河流,地理位置定为无;(2)缔约国与区位关系的对应情况是综合《国际水道非航行使用法公约》约束强度和缔约国地理位置点数量的判断结果。

基于以上分析,《国际水道非航行使用法公约》对全球相关国际河流流域国家具有不同的影响力。

(1)截至2015年年底,《国际水道非航行使用法公约》缔约国仅分布于欧洲、亚洲和非洲3个大洲,共36个国家,各区域缔约国数量占各地区国际河流流域国比例均没有超过50%,在亚洲、非洲和全球甚至未达到25%,且南北美洲均无缔约国,可见《国际水道非航行使用法公约》总体被认可程度低,在不同区域上存在明显差异,未来影响力有限。

(2)由于《国际水道非航行使用法公约》在平衡上中下游权利与义务中对下游国谋求水开发利益、约束上中游国家水资源利用行为更为有利,使得位于国际河流下游的流域国的缔约意愿更强,对《国际水道非航行使用法公约》认可度明显高于其他区位的国家,并在《国际水道非航行使用法公约》缔约国中占比最大;同时《国际水道非航行使用法公约》在中游、边界及上下游均衡及支流地区流域国之间形成的相互制衡作用,影响着流域国对缔约与否的判断。

(3)缔约国国际河流的重要地位、对跨境水资源依赖性,驱使缔约国在全球淡水资源竞争利用日趋激烈的格局下寻求增强其对跨境水资源管控能力的各种途径,缔结《国际水道非航行使用法公约》成为一项重要选择;严重缺水的亚洲和非洲缔约国和下游国,在一定程度上也影响着联合国成员国缔结《国际水道非航行使用法公约》意愿。

(4)当有少数国家因水资源缺乏和政治原因而缔约时，众多国家则在区域性水法发展与实践的基础上逐步认可《国际水道非航行使用法公约》的重要意义，其中多数区域及缔约国以“目标性条约”为主实现跨境水资源合作管理，而流域下游及中游等位置的国家则是以“机制性条约”与“目标性条约”相结合的方式促进跨境水资源的区域合作，进而缔结《国际水道非航行使用法公约》。

从《国际水道非航行使用法公约》缔约国在国际河流上的地理位置分异、水资源拥有量及利用差异、跨境水资源的区域合作经历等多角度，分析了相关流域国缔结《国际水道非航行使用法公约》可能的原因及差异，但始终未能就两个主要国际河流上游国的西班牙和南非在拥有很大跨境水资源比例时缔结《国际水道非航行使用法公约》做出较好的解释，但后期发现两国却分别是欧盟成员国和南部非洲发展共同体成员国，而欧盟和南部非洲发展共同体均针对跨境水资源管理发布过区域性公约，如《欧盟水法令》《跨境水道与国际湖泊保护与利用公约》和《南部非洲发展共同体共享水道法令》。因此，即使以上两国不缔结《国际水道非航行使用法公约》，其跨境水资源的开发利用行为也会受到区域性公约的约束，也许该因素也是影响两国缔结《国际水道非航行使用法公约》的一个重要推动力。

对于长期以来中国因在《国际水道非航行使用法公约》投票过程中投反对票而备受质疑的情况，基于以上分析可以给出诸多解释，包括：中国国际河流众多，面临着问题复杂，需要基于国情慎重考虑；当年给《国际水道非航行使用法公约》投赞成票的国家至今大多未成为缔约国，不应要求中国成为缔约国；中国目前正在积极推进与周边国家在跨境水资源领域的合作，通过一定的实践与累积，对《国际水道非航行使用法公约》的缔结与否会有积极的考虑等。

第五章　国际河流流域机构建设

第一节　国际河流流域机构作用及发展

一、流域机构及其在国际河流水资源管理中的作用

流域作为一个自然单元，其水资源与流域内其他自然环境要素和人类活动密切相关并相互影响、相互作用，水资源的管理从部门管理、行政区域管理发展为以流域为单元的综合管理。国际上流域机构最早建立于20世纪早期，如1933年美国田纳西河流域管理局(TVA)，由此推动了以流域为单元的水资源管理模式。随着流域综合管理概念内涵的不断扩展和丰富，在国际上催生了一批新一代流域机构(river basin organization)的建立(Thomas，2005)。全球水伙伴组织(Global Water Partnership)认为：流域机构是政府官方或为响应利益相关方需求而建立的专门机构，负责河流、湖泊或重要含水层的水资源管理。

“跨境河流/国际河流流域机构/组织”(transboundary/international river basin organization)是指国际河流的部分或所有流域国通过签订一项国际条约/协定来共同组建一个负责一条或多条国际河流相关问题的联合机构，以维持、推进流域国家之间的合作。也即，国际河流流域机构作为受国际条约/协定约束的，以一定原则、规则、标准和管理机制对国际河流及湖泊的局部或整个流域进行制度化管理的实施机构。流域机构依据流域国对其的授权，可以分为三类：①信息机构，主要负责数据的收集和交流及其与之相关的技术指导与执行；②咨询机构，是相关流域国决策过程中的一个辅助机构，但无决策权；③决策管理机构，代表流域国负责跨境水资源管理的政府间机构(International Network of Basin Organizations et al.，2012；流域组织国际网等，2013)。

对于流域机构的作用，学者通过研究认为：流域机构有助于促进流域内的信息共享(Lebel et al.，2010)、流域管理措施的实践(Fischhendler，2004)以及寻求外部资金与资源的支持(Eckstein，2009)等。流域组织国际网等(2013)认为：流域机构可以通过制度与机构能力建设提高流域水资源管理效率，包括提高流域机构协调相关流域国间用水目标的能力；从相关流域国政府吸引更多的财政和运行资源，用以促进机构的正常运行与联合项目的实施；通过建立相应的执行机构、运

行机构或一个永久性秘书处，在流域国之间构建一个长效的沟通平台；建立预警与通报机制，加强利益相关者和公众参与机制和及时获取信息渠道。Schmeier(2015)通过对全球流域机构制度建设的经验分析，认为：流域机构可为流域国间寻求解决跨境水问题提供多种手段与机会，成为实现跨境水资源管理的一个关键要素。Dombrowsky 和 Scheumann (2016)研究流域机构和区域性组织在国际河流水电开发管理中的作用时认为：流域机构通过增强流域上下游国家间的沟通、开展联合的水电开发跨境社会环境等影响分析，可以减少国际河流上水电开发的负面影响，促进投资和社会环境保障措施的实施。Henkel 等(2014)在评价国际流域机构财政可持续性时认为：流域机构是流域国合作的真实载体，持续而稳定的财政支持对流域机构的正常运行和促进流域合作非常重要。UNEP(2014)认为：流域机构在应对水电的社会环境等影响的挑战、平衡能源与粮食生产关系、协调水与能源需求方面能够发挥重要作用。Blumstein 和 Schmeier (2017)认为：流域机构可以通过提供谈判与交流平台、数据与信息共享或通告程序等机制协助解决流域用水冲突。Gerlak 和 Schmeier (2016)认为：流域机构是管理和执行国际水条约和处理跨境水问题的关键区域性机构。GWP 认为：流域机构为流域内土地利用及其水需求与水资源管理的有机结合提供了一个有效机制，同时能够在流域内用水者之间建立协调一致、促进和实现冲突管理中发挥作用(Thomas，2005)。

但是，UNDP 在 2008 年为推动流域“水资源综合管理”实践时，基于相关案例，对流域机构在流域内实施水资源综合管理的能力进行评估，结果发现：缺乏自主决策权和影响力的流域机构在参与决策和决策建议被采纳的机会是有限的；自主决策权缺乏或不足不仅体现在流域机构的授权上，还体现在财政管理权和水资源管理目标的执行能力上；在财政管理权方面，多数案例研究结果显示流域机构没有足够的经费支持，进而影响到他们的生存能力，也影响到他们利用经济手段作为管理工具实现其管理目标的能力；在执行能力方面，多数流域机构的能力建设现状显示其能力仅限于应对发生的主要问题，而不足以承担水资源综合管理的目标；执行能力有限产生的原因被研究者解释为缺乏人力、财政资源以及解决紧急问题的实际需求(Taylor et al.，2008)。Huitema 和 Meijerink (2017)基于流域机构职能将其分为 4 个类型(机构型、协调型、自治型和伙伴型)后，讨论了流域机构在实施流域水资源管理中的成效，其结果认为：流域机构主要职能是基于流域生态系统的理念，解决流域内不同行政管理区域之间的水问题。但是从水资源管理者所面临的实际问题来看，许多流域的生态问题越来越突出，具有挑战性，而流域机构的实践成效难以定论，包括具有自主决策权的流域机构是否比其他类型机构具有更强的应对能力也有待观察，但伙伴型流域机构在吸引外部资源方面相对而言是比较成功的。

综上所述，组建流域机构的目标是一致的，无论是一个国家内的流域机构，还是国际河流上的流域机构。但是从目前流域机构的成效而言，多数学者、政府和国际组织对流域机构在流域内所发挥的管理与协调作用总体上是持肯定意见的，但也可以看到：不同流域机构在不同的流域、不同政治体制下、不同的流域现实问题以及不同的财政和人力资源的支撑下，其发挥的作用是存在差异的。

二、国际河流流域机构建设概况

依据美国俄勒冈州立大学所建立的(International River Basin Organization (RBO) Database)(1816—2007年)“国际河流流域机构数据库”(http://transboundarywaters.science.oregonstate.edu，2018)的信息，归纳判识出：①全球在1816—2007年共建立了103个流域机构/委员会，涉及112条国际河流的干支流(表5-1、附表二)。②全球仅39%的国际河流建立了流域管理机构，且在各大洲间存在明显的差异。欧洲已有超过50%的国际河流上建有流域机构，而亚洲仅24%、不足1/4的国际河流设置了相应的国际机构。③欧洲是最早建立国际河流流域机构的地区，其次是北美洲，而其他三个大洲的国际河流流域机构则均是第二次世界大战和殖民统治结束后逐步建立起来的，与国际河流水资源的开发程度密切相关。④从各地区已建立的国际河流流域机构的数量分布看，欧洲和非洲所拥有的机构数量最多，而南北美洲是国际河流流域机构最少的地区；发展中地区，特别是亚洲和非洲地区的流域机构发展具有明显的后来居上的趋势。⑤从各地区流域机构的组织来看，103个国际河流流域机构中仅37%的机构(38个)是由所有流域国共同参与并建立，而多数机构则是部分流域国参与建立的，其实际的水资源开发与管理成效或多或少是会受到影响，甚至是被制约的；在各区域之间，北美洲的流域机构受国际河流分布特征的影响，其流域机构均由所有流域国(两个国家)组建，其次是非洲和南美洲国际河流流域国在流域机构建设过程中的参与度较高，达到或接近40%，而亚洲和欧洲的流域国参与流域机构的程度较低。总体上，在全球乃至区域范围内国际河流仍以局部合作与管理为主。

当国际河流相关流域国在构建流域机构时，会将其命名为××流域/河流委员会、组织、机构、管理局等。全球103个流域机构中，共命名了8类机构，包括委员会、管理局、理事会、联合机构、联盟、组织等。其中，建有“委员会”85个，占比82.5%，在英文语境中“委员会”包括“Commission”“Committee”“Board”3种说法，且绝大多数为Commission；建有“管理局”8个(Authority)，占比7.8%；流域/河流“机构”(Organization)5个，占比4.9%；流域“组织”(Programme或Initiative)2个，“理事会”(Council)、“联合机构”(Coalition)和“联盟”(Union)各1个。可见，本节中所说的“流域机构”也可直接称为“流域委员会”。

表 5-1　国际河流流域机构区域分布概况

Table 5-1　River basin organizations on international rivers in different regions

区域	成立时间/年	涉及国际河流数/条	占区域国际河流数比例/%	流域机构/个	所有流域国参与的机构/个	部分流域国参与机构/个
北美洲	1889—1985	16	36	6	6	0
欧洲	1816—2006	38	53	33	9	24
南美洲	1946—1998	16	41	13	5	8
亚洲	1950—2007	16	24	18	4	14
非洲	1959—2006	26	41	33	14	19
全球	1816—2007	112	39	103	38	65

第二节　流域机构及职能

一、机构类型

从流域机构成员国构成情况看，流域机构可分为双边机构和多边机构两类(表 5-2)。103 个流域机构中，双边流域机构有 60 个，占机构总数的 57%。其中，由部分流域国建立的双边机构 44 个，即多国河流上的流域机构，占此类机构的 73%，集中分布于欧洲、非洲和亚洲 3 个地区；由所有流域国建立的双边机构 16 个，即两国河流上的流域机构，主要分布于北美洲和亚洲。多国河流上的多边流域机构 43 个，占全球流域机构的 42%，其中，由部分流域国建立的机构 21 个，占此类机构的 49%，集中分布于欧洲和亚洲 2 个地区；由所有流域国建立的机构 22 个，北美洲和亚洲没有这类机构的分布，有此类机构的 3 大洲中主要分布于欧洲和非洲。从以上双边流域机构与多边流域机构的数量及其区域分布上表现出以下特征：①双边机构不仅在数量上明显多于多边流域机构，而且双边机构在各大洲之间的分布较多边流域机构更为普遍，表明双边机构的构建更具有实践基础，无论是建立于两国河流之上，还是建立于多国河流之上。②多国河流上共建有 87 个流域机构，双边机构和多边机构数量基本相当，分别为 44 个和 43 个，均分布于除北美洲之外的 4 大洲(欧洲、非洲、亚洲和南美洲)，且主要分布在欧洲和非洲；亚洲的双边和多边机构明显多于南美洲的双边和多边机构。或者说，双边流域机构和多边机构在 4 大洲的分布由多到少均为欧洲、非洲、亚洲和南美洲。③两国河流上共建有 16 个流域机构，在全球 5 大洲均有分布，主要分布于北美洲和亚洲；对比全球 195 条两国河流及其区域分布看，流域国之间的合作仍然是极为有限的。④综合比较两国河流和多国河流上双边流域机构和多边机构的分布情况，北美洲绝大多数是受两国河流的影响(表5-2)，北美洲建立的流域机构均为双边机构；多国河流上流域机构建设是通过双边合作、多边合作向全流域合作推进的，而推进最快的是非洲地区，但欧洲的合作基础是最为稳定的。

表 5-2 流域机构类型及其区域分布

Table 5-2 Types and distribution of river basin organizations in the World

	类型	北美洲	南美洲	欧洲	非洲	亚洲	全球
合作方式	双边	6	8	18	15	13	60
	多边	0	5	15	18	5	43
两国河流	双边	6	2	2	2	4	16
多国河流	双边	0	6	16	13	9	44
	多边	0	5	16	13	9	43
	多边(所有流域国)	0	3	7	12	0	22
	多边(部分流域国)	0	2	9	1	9	21
合作目标	单目标	2	1	8	8	4	23
	多目标	4	7	22	15	13	61
	综合目标	0	5	3	10	1	19
涉及河流	一条河流	3	11	29	28	17	88
	多条河流	3	2	4	5	1	15
合计		6	13	33	33	18	103

从流域机构所承担的合作目标的多少，可以将流域机构分为：单目标机构，多目标机构(合作目标为2–5项)以及综合目标机构(合作目标6项及以上)三种类型(表5-2)。其中，单一目标机构共23个，占流域机构总数的22%，主要分布于欧洲、非洲和亚洲；多目标机构61个，占全球国际河流流域机构的59%，是流域机构的主体，也主要分布于欧洲、非洲和亚洲；综合目标机构共19个，明显少于单一目标机构和多目标机构的数量，该类机构主要分布于国际河流后开发的非洲和南美地区。比较三种目标机构的区域分布情况，除了各地区流域机构的目标都关注于多目标的合作之外，北美、欧洲与亚洲在单目标和综合目标中更着重于单一目标的合作，而南美和非洲则关注于综合目标或更多目标的合作。

从流域机构管理或涉及的国际河流数量上看，103个机构中有88个机构仅负责一个流域开发管理，可以说是单一河流的流域机构(表 5-2)，是国际河流流域国机构建设的主要形式；其余 15 个机构的管理职责涉及 2 条及以上国际河流，如美国与加拿大的“国际联合委员会”(International Joint Commission)，共涉及两国间国际河流 10 条，这类机构更为确切地说应该是流域国家间的国际河流事务综合管理机构。

二、流域机构内部设置

通常情况下，流域机构会下设一个或多个临时性或永久性机构，如董事会、理事会、执行委员会、秘书处、咨询委员会、专家/技术工作组等，以支撑流域国间确立的流域开发与合作目标的实现。

统计以上 103 个国际河流流域机构所设置的临时和永久性机构，发现：①不同地区及合作目标下的流域机构设置了 1—8 个决策、执行、咨询和辅助部门(表 5-3)，但近 90%的流域机构设置的是 1—4 个下属机构或部门，并在各大洲均有分布，具有普遍性。②在非洲、南美洲和亚洲来看，没有下属职能部门的流域机构，即仅设立流域委员会或双边/多边流域机构在数量和占比上最高，但对成立流域机构最早、制度化建设更高的北美洲和欧洲来说，选择下设 3 个职能机构或部门的流域机构在区域上更为普遍。③设置最为复杂的 11 个流域机构均分布于非洲和南美洲，其中非洲更为明显，它们在流域机构下设置了 5—8 个部门来推进流域的综合发展与保护，包括规划委员会、发展伙伴组织、协调委员会、捐助者咨询工作组等。

分析流域机构设置的下属机构或部门数量在全球、不同区域和不同合作目标(单一目标、多目标和综合目标)下的分布特征(表 5-3)，结果如下。

(1)整体上，各区域随着流域机构下属机构数量的增加，流域机构数量呈减少趋势，当减少到 3 个或 4 个下属机构时会出现一个变化拐点，即下属机构增加与流域机构数量减少之间呈现一个明显的负相关关系。这一特征似乎意味着：尽管简单而直接的流域机构(下设机构为 1 的流域机构)在全球、非洲、南美洲和亚洲的拥有数量最多，具有一定的普遍性，但在欧洲和北美洲却并非如此，说明单一机构的流域组织可能并非是最为有效和适宜的机构框架。流域机构下设机构的数量会与流域国之间的合作目标、合作意愿、合作深度、合作的持续时间、财政支持力度以及流域机构被授予的职能、权力等相关。

表 5-3 流域机构下设机构数量及其区域分布

Table 5-3 Numbers of institutions of river basin organizations and the regional distribution

合作目标	下设机构/个	北美洲/个	非洲/个	南美洲/个	欧洲/个	亚洲/个	全球/个
单一目标	1	0	4	1	3	3	11
	2	1	1	0	2	1	5
	3	0	2	0	3	0	5
	4	1	0	0	0	0	1
	≥5	0	1	0	0	0	1
多目标	1	1	7	3	4	11	26
	2	0	2	0	5	0	7
	3	3	3	1	8	1	16
	4	0	1	3	5	1	10
	≥5	0	2	0	0	0	2
综合目标	1	0	1	2	2	0	5
	2	0	1	0	0	0	1
	3	0	1	0	1	0	2
	4	0	1	1	0	1	3
	≥5	0	6	2	0	0	8
整体	1	1	12	6	9	14	42
	2	1	4	0	7	1	13
	3	3	6	1	12	1	23
	4	1	2	4	5	2	14
	≥5	0	9	2	0	0	11

(2)在单目标框架下，除北美洲之外的其他 4 个区域出现随着流域机构下属机构数量的增加，流域机构数量呈明显减少趋势，即两者之间仍然呈现一个较为明显的负相关关系，该负相关关系在全球、欧洲和亚洲表现较强，在非洲和南美洲表现较弱，在一定程度上表明单一目标的实施能够在简单机构设置基础上完成。

(3)多目标合作作为流域机构的主体，其下属机构数量与流域机构数量变化之间也呈负相关关系，区域间该负相关关系在全球、亚洲和非洲表现更为突出一些，而在北美洲、南美洲和欧洲则较弱。此外，在下属机构增加的过程中，流域机构数量仅在亚洲呈持续减少趋势，而在其他地区则呈现减少—增加—减少的趋势，表明在全球多数地区推动流域国之间多目标合作的流域机构下设三四个部门具有普遍性。

(4)在综合目标合作方面，流域机构数量与其下设机构数量变化之间不存在明显的相关性，表明下设机构的多少与流域机构建设之间没有明确的关联关系，其结果受到众多合作目标下流域机构建设有限的影响，如北美洲没有为此类目标而建立流域机构，亚洲和欧洲分别仅有 1 个和 3 个，非洲和南美集中分布，分别建立有 10 个和 5 个。这一结果从另一个方面说明合作目标众多，或者说重点不突出的流域合作，其推动起来是具有挑战性的；仅从非洲的实践看，表现出合作目标增加需要更多下设机构这一初步结果。

三、流域机构主要职能

国际河流流域机构的组织结构、工作职能、权力设置等通常是由流域国之间在所签订国际条约中确定和授权。相关流域国会依据流域机构建设的目标、财政支持能力、国家间合作基础等授予流域机构相应的权力、地位与职能等。

分类汇总 103 个流域机构不同目标下的主要职能(表 5-4)，整体上可见随着合作目标的增加，流域机构的职能范围不断扩大，从流域内到流域外，从水资源开发、信息交流与共享到区域经济与贸易、减贫乃至健康与教育。

(1)单一目标的流域机构。其职能范围主要涉及一些具体的水资源开发利用和信息共享问题，如水电开发、航行、灌溉、渔业管理等，以及一些较为广泛的问题，如水资源的开发与管理、规划与研究等。区域之间，欧洲和北美洲的流域机构职能具体、明确，且涉及领域较为广泛，从水资源开发、渔业资源研究与管理到污染控制、物种入侵；后期发展起来的非洲、南美洲与亚洲流域机构兼有具体、基础和目标宽泛的职能，如水电开发和灌溉的具体职能，基础性的信息收集与共享职能，以及宽泛的水资源经济开发和水资源管理协调职能。

(2)多目标的流域机构。其职能范围明显扩大，其中一些内容，如信息共享、水电开发、联合研究与规划、洪水管理/防洪抗旱、水质监测与污染控制、水资源管理等成为流域机构的基本职责，同时也出现了一些超越流域水资源利用与水环境保护的新内容，如气候变化、减贫、生物多样性保护、能力建设、经济一体化以及经济贸易合作等。以多目标流域机构最多的欧洲和非洲为例，比较区域间流域机构主要职能的异同，欧洲共 22 个多目标流域机构的职能比较集中，且随着时代的发展提出了诸如气候变化、流域综合管理、地下水管理等的新职能，而跨境河流后开发的 15 个非洲多目标流域机构的职能则更为宽泛、庞杂，包括了生物多样性保护与资源利用、能力建设、减贫以及区域经济一体化和经济贸易合作。

(3)综合目标的流域机构。分布于除北美洲之外的 4 大洲，其中集中分布于非洲和南美洲。在区域上，欧洲和亚洲的流域机构的主要职能较为集中，仍然集中于流域水资源的开发利用乃至保护和管理，而非洲和南美洲的机构职能远远超越了流域水资源管理，如非洲流域机构职能甚至涉及项目资金保证、贸易与经济合作、扶贫与粮食安全、防控跨境影响和突发事件、疾病控制与人类健康、旅游、区域和平与安全等，南美洲流域机构涉及社会经济发展、教育健康与疾病控制、共同利益维护、旅游和能力建设等，这些职能的履行对流域机构是极大的挑战。

表 5-4 不同区域不同目标下流域机构的主要职能

Table 5-4 Major responsibilities of river basin organizations under different objectives in different regions

目标	区域	机构数量	主要职能
单目标	北美洲	2	渔业资源研究与管理，包括控制物种入侵
	非洲	6	水电站运行与管理，灌溉，信息共享，项目实施与监督，规划与研究
	南美洲	1	基于水资源的经济开发
	欧洲	7	水电开发，航运，污染控制，渔业管理
	亚洲	3	信息共享，水量分配，协调水资源管理
多目标	北美洲	4	信息管理与共享，划界，水分配与水量管理，维持河流状态，水电开发与运行管理，洪水管理，利益共享，生态、水质监测与污染控制，环境保护，纠纷预防与解决，综合管理，交通与经济发展
	非洲	15	信息共享，调查、规划与研究，水电开发，灌溉，供水，航运，水分配，渔业管理，防洪抗旱，水土流失，水利设施建设与维护，缺水管理，污染控制与水质管理，联合开发与管理，水资源综合开发、保护与管理，生物多样性保护与资源利用，能力建设，减贫，经济与贸易合作，经济一体化
	南美洲	7	信息共享，规划、计划与研究，水电开发，航运，洪水管理，渔业管理，水质管理与污染控制，资源与环境保护，基础设施建设，流域综合开发与管理，灾害预防，技术、经济与金融合作
	欧洲	22	信息共享，调查、规划与研究，水电开发，航运，水量调节，灌溉，防洪，水土流失，地下水，水利设施建设与管理，水质监测与污染控制，生物多样性及环境保护，联合管理，气候变化，分歧解决，标准、条例与计划等协调
	亚洲	8	信息共享，规划与研究，供水，灌溉，水电开发，水分配，洪水管理，水质监测，水资源保护、利用的监督与管理，基础设施建设，灾害预警，分歧解决，环境保护，扶贫，行动、政策与制度协调
综合目标	非洲	10	水电开发，航行及管理，渔业，防洪抗旱，水(地表与地下水)及相关资源综合开发与管理，产业发展与供水，流域生态系统保护与管理，水资源多目标开发、效益分配，项目与规划协调，项目技术与资金保证，研究、政策法律协调，基础设施建设与安全，贸易与经济，扶贫与粮食安全，气候变化适应，生物入侵管理，水土流失与林业管理，防控跨境影响，防止突发事件，疾病控制与人类健康，旅游，能力建设，区域和平与安全
	南美洲	5	水电开发，研究与规划，航行，基础设施建设与监测，水多目标利用与管理，污染控制(标准、监督和分析)与环境保护，社会经济发展，自然资源保护与利用，科技、教育、健康与疾病控制等合作，共同利益维护，旅游，能力建设
	欧洲	3	信息交流，灌溉，水位维持，防洪抗旱，水利设施维护，水资源(地表水与地下水)监测、污染防治与环境保护，水资源保护、开发与管理，水生生物资源评价，渔业捕捞限额制度建设
	亚洲	1	水及相关资源利用、保护和管理的各个方面，包括信息共享、研究与规划、灌溉、水电、渔业、航行、洪水、旅游等

从不同合作目标下流域机构所承担的主要职能及其间差异看，单一目标流域机构的职能最为具体，可操作性强，对机构的能力要求更为专业、机构的部门设置更为简单；多目标与综合目标流域机构职能涉及内容广泛，既有具体且可操作性强的目标，也有较为宏观的目标职能，诸如政策制度的协调、生态与环境保护、气候变化适应、经济贸易合作等，需要流域机构拥有强大的流域内外协调能力、专业技术管理能力、财政支撑能力等，这对于发达地区的流域机构来说可能问题不大，但对于发展中地区的流域机构难度较大。

第三节　流域机构能力建设

一、决策机制构建

1. 决策机构、决策程序基本特征

通过对流域委员会内部机构及职能的梳理、归类，可以判识出 8 种类型的决策机构及其区域分布、决策程序(表 5-5)。按照不同决策机构类型的流域委员会数量从多到少的分布情况，分析其决策机构、程序及区域性特征。

(1)流域委员会。流域机构自身通过相关成员国的授权，为实现流域国合作目标、完成流域机构职能而具有一定的决策权。流域委员会决策程序有 3 个：全体委员的一致同意、协商一致和多数同意。一些机构对相关程序进行了细化，如流域委员会的决议和发展计划等的决定程序是一致同意，而诸如委员会的行政决定、执行程序决定以及行动计划等则可以以多数、简单多数同意的程序；如果通过协商未达成一致，则采取继续谈判的程序；多数同意程序中可以是 80%的委员同意则形成决议的程序。全球共有 36 个流域委员会采用此类决策机构实现内部决议/决定，占比为 35%，全球 5 大区域均有分布；从机构数量上看，多分布于欧洲，但从该类机构占各区域流域机构数量的比例看，则在欧洲、北美洲占比超过 50%，亚洲的占比值接近全球平均值，而非洲和南美洲的占比小于 25%，表明拥有决策权的流域机构在北美洲和欧洲地区比较突出。

(2)成员国政府。相关流域国在构建河流联合机构时没有向该机构授予任何决策权力，甚至没有建立机构内的决策机制的情况下，流域机构的运行完全取决于成员国政府之间的协商结果与决定。这类流域机构数量接近于以上有决策权的流域机构数量，共 31 个，占全球流域机构总数的 30%，分布于除北美洲之外的其他 4 个地区。从数量上看，4 个地区的这类机构数量差异不大；但从该类机构占各区域流域机构数量的比例看，则是在亚洲、南美洲和非洲的占比均高于该类机构占

全球流域机构总数的比例，分别为 50%、46%和 33%，而在欧洲的这一比例则小于 20%，表明没有决策权的流域机构在国际上具有一定普遍性，但主要分布于 3 个发展中地区，特别是亚洲和南美洲。这从一个方面表现出发展中地区国际河流联合开发与管理的初期特征。

(3)成员国代表会议。成员国代表会议是指由相关成员国派出的代表团会议对流域机构的计划、项目等做出的决议或决定，仍旧是流域机构自身缺乏决策权，需要成员国代表团之间的协商与决定来确定流域机构的行动计划等。其决策程序也包括 3 个，即一致同意、协商一致和多数同意。同样，也有机构对这些程序进行进一步细化，如在重要事项上实行一致同意的程序，而机构内的财务、行政等问题则可以为多数同意产生决定；当代表团之间无法完成协商一致程序时，要求实施继续谈判程序；多数同意程序中可能包括过半同意和一般多数同意的方式进行决策。这类机构共有 11 个，占总流域机构数量的 10.7%。此类机构仍然分布于除北美洲以外的其他 4 个地区。从机构数量上看，主要分布于欧洲和亚洲；从此机构数量占各地区流域机构数量的比例看，该类机构占亚洲流域机构的比例最高，为 17%；其次是欧洲和南美洲，其比例相同，均为 15%，可以说此类机构主要分布于亚洲、欧洲和南美洲，且比例相近。

(4)成员国部长理事会/会议，由成员国相关领域的部长所组成的流域机构理事会召开会议做出决策，或者由成员国的部长级(包括外交部部长、涉水部门部长、渔业部部长等)会议做出决策。其中部长理事会通常被作为流域机构的组成部分，或内部机构之一，即表明流域机构在此基础上具有一定的决策权；而部长级会议则不是流域机构的组成部分，由此产生的决策是外部决策程序。该类机构部长理事会或会议的决策程序主要采取协商一致和全体一致同意的方法产生流域委员会决议。其中，多数机构还对未达到一致后的程序，机构内不同层次的决策程序进行了相应安排，如进一步谈判的程序，简单多数或指定多数的程序，以及部长级会议决定一致同意而流域管理局决定采取协商一致的程序。此类流域机构共 9 个，占全球流域机构总数的 8.7%，仅分布于非洲和南美洲两个地区，特别是非洲。

(5)流域委员会和成员国政府。流域委员会被授予了一定的决策权，但当流域委员会依照决策程序无法完成决策时，则由成员国政府最终做决策。此类机构的决策程序包括一致同意、多数同意和政府批准或认可 3 种，以及细化程序。如委员会内达成一致同意后由相关政府批准有效，以及委员会内未达成一致时由政府做出决策；实施多数同意程序时，对于流域的开发项目许可问题要求实现特定多数同意程序，而如果未实现多数同意，则问题提交相关政府进行决策；委员会会议产生的纪要与决议，由相关政府批准，或者在一定时间内未被相关政府否决，则形成流域机构执行的决议。此类机构共 6 个，占全球流域机构总数的 5.8%，分布于除亚洲以外的其他 4 个地区。从此类机构在 4 个地区的数量分布上看，数量相当；但从其占各地区流域机构的比例看，则北美洲最高，占其所有流域机构的1/3，其次是南美洲和欧洲，占比分别是8%和6%，体现了此类机构在地区间的分布差异。此类机构的决策程序还体现了成员国政府的最终决策权。

(6) 成员国元首会议和部长理事会。流域机构的上级决策者既有国家元首会议，也有部长理事会决定，但因元首会议通常是非常规会议，部长理事会则多为定期、常规会议，为此，部长理事会决策是主要形式。其决策程序是一致同意和协商一致2种。此类机构共6个、占全球流域机构总数的5.8%，也仅分布非洲和南美洲，特别是非洲，体现出其分布的地区局限性，但在非洲仍然有一定的代表性。

(7) 成员国全权大使/代表团团长会议。由相关成员国各自授权一位全权大使或成员国的代表团团长参加的会议，对相关议题进行协商并做出决策。其决策程序为一致同意。此类机构数量有限且仅分布于欧洲一个地区。

(8) 成员国代表会议和成员国政府。以流域机构的成员国代表团会议决策为主体，当代表团会议无法产生决议时，由相关政府最终决策。其决策程序采用多数同意的方式，但当未实现多数同意时，则由相关政府协商一致，若无法一致则通过外交渠道解决。此类机构数量有限，仅分布于欧洲和南美洲2个地区。

表5-5　流域委员会的决策机构及决策程序

Table 5-5　Decision-making and the procedures of international river basin organizations

决策机构	北美洲	欧洲	南美洲	非洲	亚洲	小计	决策程序
流域委员会	4	17	1	8	6	36	一致同意，除公约、协议另有规定外，行政决定、程序决定、行动计划以多数、简单多数同意；协商一致，如果协商失败，进一步谈判。多数同意，如：4/5多数同意
成员国政府	0	6	6	10	9	31	成员国政府协商，并决策
成员国代表会议	0	5	2	1	3	11	一致同意，对于财务、行政等问题，可多数同意；协商一致，如果失败，继续谈判；多数同意，包括过半同意和一般多数同意
成员国部长理事会/会议	0	0	1	8	0	9	协商一致，如果未达成一致，则采用进一步谈判，简单多数、多数通过；一致同意，部长会议决定一致同意，管理局决定协商一致
流域委员会和成员国政府	2	2	1	1	0	6	一致同意，政府批准后有约束力，如果未能一致，政府决策；多数同意，开发许可需特定多数，如果赞成票与反对票相同或没形成多数决议，提交政府决策。政府批准、不被政府否决的委员会会议纪要为决策方案
成员国元首会议和部长理事会	0	0	1	5	0	6	一致同意，对成员国有约束力；协商一致
成员国全权大使/代表团团长会议	0	2	0	0	0	2	一致同意
成员国代表会议和成员国政府	0	1	1	0	0	2	多数同意，如果赞成票与反对票相同，政府协商一致；如果无法一致，外交渠道解决

总体上来说，流域机构/流域委员会的决策机构可以分为三类：一是有决策权的流域机构本身；二是没有任何决策权的流域机构，其决策权为其政府，包括元首会议、部长级会议、代表团会议、全权大使或代表团团长会议等；三是拥有部分决策权的流域机构，但成员国政府拥有最终的决定权。流域机构的决策程序主要包括三种，分别是一致同意、协商同意和多数同意，其中一些机构对以上决策程序进行了细化。

2. 决策程序的区域差异性

从原数据库所显示的相关信息看，103 个流域机构中明确其决策机制或决策过程的机构共 60 个，表明该 60 个流域机构或多或少地被授予了一定的决策权。在区域分布上，北美洲拥有此类机构 5 个，占该区域流域机构总数的 83%；欧洲有该类机构 23 个，占该区域流域机构总数的 70%；非洲有该类机构 20 个，占该区域流域机构总数的 61%；南美洲和亚洲各有该类机构 6 个，分别占两个区域流域机构总数的 46%和 33%。表明区域之间流域机构的决策机制建设存在明显差异，北美洲和欧洲的多数流域机构普遍拥有一定的决策权，包括非洲，而南美洲和亚洲拥有决策权的流域机构比例相对较少，特别是亚洲。

通过梳理以上 60 个流域机构建设中确立的决策程序，依照机构采取不同决策程序从多到少排序(表 5-6)，从中可以得到以下一些基本结果及区域性特征。

(1)流域机构的决策机构构成方面。首先，从双边流域机构看，5 大洲均有授予了一定决策权的流域机构。在流域机构中拥有决策权的机构主要有：由机构成员国指定代表/官员等组成的委员会/理事会/董事会、缔约方会议/代表团会议、成员国政府部长理事会以及成员国政府，这些决策机构有常设机构或固定机构，也有为特定事项专门派出的临时代表团。从多边流域机构看，与双边流域机构类似，其主要决策机构，除委员会、理事会、缔约方会议外，突出了国家元首级会议、部长理事会、外交部部长会议、代表团全体会议和代表团理事会的决策作用，这一情况可能与多边流域机构建设过程涉及多个国家、诸多部门及人员的问题，进而需要加强集中决策或高层决策的力度相关。

(2)流域机构的决策程序方面。从双边流域机构看，当每个成员国只有一票表决权时，多数流域机构首先采用了双方均同意(也称一致同意)的决策程序，以及如果双方未达成一致时提交政府决策和在一定时间段内(如 2 个月内、30 天内)将各方政府没有异议或没被任何一方政府否决的委员会决定作为双方认可的决议的程序。其次，采用协商一致的程序，以及如果协商失败后，进行继续谈判的程序。当两个成员国拥有多个但等量表决权时，多数流域机构仍旧首先采取全体一致同意的决策程序。其次是多数同意的决策程序，包括对特定情况的具体规定。如在决定是否同意流域国进行项目开发时，执行特定多数同意的决策程序；解决损害赔偿问题时，执行受损国家代表数量需占多数的程序；当赞成与反对票相同，或没有达到多数同意时，提交双方政府决策、协商一致以及外交渠道解决的程序。其三，委员会内通过协商、各方多数代表同意作为决策建议，最终由双方政府批准的程序，即流域机构拥有决策建议或咨询权，但无决策权的情况。从多边流域机构看，最主要的决策程序是：全体一致同意，以及在该程序实施前的附加程序。如没有另外规定，达到法定参会人数时委员会和部长级会议决议采用一致同意程序；委员会产生一致同意建议后需要成员国政府批准，而流域机构内的行政运行、决策执行、财务和管理委员会决定等则采用简单多数同意、多数同意和协商一致的程序。其次是协商一致的决策程序，以及实施该程序的附加或补充程序，如果没有达到协商一致，则进一步谈判，或多数同意、简单多数同意的程序。其三，少量流域机构采用法定多数参会，决议则简单多数同意的决策程序。

(3)流域机构的5大洲决策机制设置方面。北美洲，6个流域机构均为双边机构，其中：5个建立于美国与加拿大之间、1个建立于美国与墨西哥之间；2个机构为综合性流域机构，分别管理和协调着美国与加拿大之间、美国与墨西哥之间所有国际河流开发、管理与保护事务；美国与加拿大之间的其余4个流域机构可以说是两国之间综合性事务机构的下属机构，其职能的履行受综合机构的指导。以上流域机构的决策程序包括：各方委员会仅有一票表决权时，决策程序为双方一致同意；各方委员会委员各有一票表决权时，程序则为多数同意，如果赞成票与反对票相同时，则各方委员会将问题提交各国政府，最终由政府决策；双方委员会的会议纪要在30天内没有被各方政府否决，则为流域机构的决议。由此可见，北美洲流域机构本身拥有一定的决策权，无论是一致同意、多数同意，还是协商一致产生的决策意见，除非流域机构内无法达到一致意见时，才需要由双方政府决策。

欧洲，无论是双边流域机构，还是多边流域机构，其决策程序是5大洲中最为复杂和详细的，决策程序既有全体一致同意、协商一致，也有绝大多数同意、特定多数同意、多数同意以及简单多数同意；有未达成一致或多数同意时由政府决策的，也有委员会一致意见在一定时间框架内无异议而自然成为决议的，以及委员会会议建议需要政府批准的。总体上，欧洲多数流域机构均拥有一定的决策权，除非委员会会议上未达成一致或多数同意的决策结果。

非洲，既有双边流域机构，也有多边流域机构，其中双边流域机构的决策程序较为简单、明确，即双方一致同意，或者协商一致，否则继续谈判；多边流域机构，在增加了“国家元首会议”的决策机构基础上，其决策机制较为灵活与多元化，包括在全体一致同意和协商一致决策程序上增加了一些辅助程序，如在协商一致未能实现情况下，增加了继续谈判、简单多数同意乃至多数同意程序，如乍得湖多边流域机构做出决策时，需委员会内达成全体一致同意意见后，增加了由各成员国政府批准程序；以及拥有不同职权的机构执行不同的决策程序，如坦噶尼喀湖管理局的部长级会议的决策程序为全体一致同意，而管理委员会的决策程序则为协商一致。相对而言，非洲流域机构的决策程序中协商一致的方式较其他地区更多。

南美洲的多边流域机构决策程序也较为简单，即协商一致和全体一致同意。其双边机构的决策程序则更为详细，包括三种：双方一致同意；多数同意，但如果没有产生多数同意结果，则由双方政府协商一致，如果无法协商一致，则通过外交渠道解决；流域机构委员会做出决策建议后由政府批准。南美洲流域机构决策中成员国政府发挥作用较为明显。

亚洲，共有6个流域机构(2个多边、4个双边)设置了决策程序，其中2个双边机构的决策程序为协商一致，其余4个机构，包括2个双边和2个多边机构的决策程序均为全体一致同意，可见亚洲流域机构的决策程序更为简洁。

整体上说，国际河流流域机构的决策机制设置中，其决策机构以流域机构成员国所设立的委员会、理事会及其所谓的委员会全体会议、委员会常务委员会为主，但南美洲和非洲流域机构的决策机构则主要为政府、部长级会议乃至国家元首会议，体现了各国政府的最高决策权。在决策程序方面，全球流域机构的主要决策程序有三类，分别是：全体一致同意，无论是双边流域机构，还是多边流域机构；协商一致；多数同意，包括特定多数同意、多数同意和简单多数同意。在不同的决策程序中，欧洲的决策程序更为复杂和细致，亚洲的决策程序则相对简洁。

表5-6　各区域流域机构决策机制概况

Table 5-6　Decision-making of river basin organizations in different regions

区域	合作方式	决策机构	决策程序
北美洲	双边	委员会/理事会	(1)双方同意 (2)各国有3个投票权，委员会决议多数同意；如果赞成票与反对票相同，提交政府，由政府最终决策 (3)当30天内没被政府否决，委员会会议纪要为决议
欧洲	双边	委员会/缔约方会议	(1)双方同意/全体一致同意；如果未能达成一致，提交政府决策；2月内双方无异议，生效 (2)协商一致 (3)各代表团至少3人同意，政府批准 (4)多数同意，其中：开发许可需特定多数；赔偿问题，受损国家代表需占多数；如果没达到多数同意，提交政府决策
	多边	委员会/缔约方会议/委员会全体会议	(1)全体一致同意，除非另有规定；允许一方缺席并视为弃权；达到会议法定多数参会；行政及程序决定简单多数同意；财务、行政等问题多数同意 (2)协商一致，或4/5多数同意 (3)法定多数参会，简单多数同意

续表

区域	合作方式	决策机构	决策程序
非洲	多边	元首会议/部长理事会/委员会/理事会	(1)协商一致；如失败，进一步谈判，或简单多数同意，或多数同意 (2)全体一致同意；政府批准后有约束力 (3)部长会议决议全体一致同意；管理委员会决定协商一致
	双边	部长理事会/董事会/委员会/代表团会议	(1)协商一致；如果协商失败，继续谈判 (2)全体一致同意
南美洲	双边	委员会/代表团会议/委员会与政府	(1)双方同意 (2)多数同意；赞成票与反对票相同时，政府协商一致；无法一致时，外交渠道解决 (3)委员会建议、政府批准
	多边	代表团理事会/外交部部长会议/委员会	(1)协商一致 (2)全体一致同意
亚洲	双边	委员会/代表团会议	(1)协商一致 (2)双方同意 (3)代表团会议，全体一致同意
	多边	常务执行委员会/理事会	全体一致同意，除非另有规定

3. 无决策机制流域机构运行特征

全球 103 个流域机构中有 43 个流域机构没有明确其决策机制，区域分布情况为：北美洲 1 个，为美国与加拿大之间的圣克鲁瓦河(St. Croix River)国际理事会；欧洲 10 个、非洲 13 个、南美洲 7 个以及亚洲 12 个，分别占各区域流域机构数量的 17%、30%、54%、39%和 67%。这一情况基本表明：①全球约 42%的流域机构并没有从流域国或者说机构成员国获得相关决策授权，即此类机构在跨境流域现实的水资源开发与管理上没有决策权，而仅有相关条约的执行权、监督权、决策咨询权乃至信息收集与共享职能等。②没有决策职能的流域机构在区域分布上存在明显差异，其中，发展中地区的亚洲、南美洲和非洲此类机构占比明显高于欧洲和北美洲，其中亚洲和非洲有超过 50%以上的流域机构没有决策权。在一定程度上是否能说明后发展起来的流域机构能力有限、流域国之间合作程度有限、流域国之间信任程度有待提高、国际河流开发和管理目标不明确或财力有限等。

分析这类流域机构主要职能、机构运行费用分担与内部机构设置等之间的关系，以了解流域机构在没有决策机制下在跨境流域发展中可能发挥的作用。统计并梳理 43 个流域机构在不同区域和合作方式下的内部机构组成、合作目标、财政和运行成本分配情况(表 5-7)，结果如下。

表 5-7 无决策机制流域机构合作目标及运行结构概况

Table 5-7 Major objectives and operating structures of the river basin organizations without decision-making mechanism

区域	合作	合作目标	内部部门数			机构总数	财政与成本分担	
			1个	2个	3个及以上		机构数	机制
北美洲	双边	协助防止和解决水纠纷；生态监测；维持大坝运行	1			1	1	各自承担自己委员会及秘书处人员费用；平均分担联合支出
欧洲	双边	水电开发；信息交换；供水、灌溉；洪水管理；污染调查、研究与防止措施；水资源保护与管理实施方案；联合开发计划与行动协调；水流调节，水利设施建设与维护；鱼类及生境保护、捕鱼规则；分歧解决	6		1	7	2	各自承担境内工作费用，另一方境内项目实施费用可协商分担，会议费用由主办方承担
	多边	航运规则制定；建立跨境监测系统，数据库建设与信息交流；环境调查、监测方案的制定、实施与评价；水质标准、条例与指南的协调统一，水质管理计划建立、目标确定；拟定执行条例与指南；相关者参与	2		1	3	2	各自承担境内费用、其代表担任委员会主席期间委员会费用；轮流承担会议及相关费用
南美洲	双边	水电开发；洪水管理；经济开发、区域一体化；水资源、动植物资源利用；综合发展；水资源与生物多样性/环境保护，参与式水资源管理	4		1	5	2	平均分担机构运行、大坝/联合工程及相关费用；各自承担非项目支出
	多边	水电开发；航行；灌溉；多目标水利用；基础设施建设；水资源管理；社会经济发展；自然资源保护与合理利用；生态平衡、物种与环境保护；科技合作	1		1	2	0	
非洲	双边	项目实施框架与监督；研究；数据信息交流；制定减缓缺水措施；水利设施建设与维护；联合开发与水分配；防止污染；防止水土流失；灌溉及饮用水供水；水资源保护、公平利用与可持续发展；经济发展、贸易合作；能力发展；确定合作领域、保证共同利益	9	1		10	2	南非承担项目建设成本，并向莱索托付税；莱索托支付发电部分的开发费用；依据预算平均分担
	多边	水资源优化利用、效益公平分配；合作与联合行动；减少贫困与促进经济一体化；水资源开发相关研究、工程/设施等的协调、综合规则管理	1		2	3	2	依据各方在流域内面积、人口和经济势力分担；各方年费、捐助等
亚洲	双边	数据信息收集与交流；灌溉、供水；水电开发；水分配规划与监督实施；河道整治、水流调节；污染控制；促进航运；分歧调查、解决；洪水管理；项目监测计划、运行监督、评估与建议；水资源保护、利用与共享建议；行动协调、水管理与合作；水利设施建设；传统权利与习惯保护	7	1	1	9	1	平均分担水利设施运行与维护，以及共同认可的其他项目费用
	多边	数据信息交流；联合研究；水量分配方法和程序；项目实施；水资源规划、管理与制度建设；协调环境保护；能力建设；社会经济发展与扶贫	3			3	1	基金发起者、参加者以及外部捐助者的支持

(1)在 43 个流域机构中，有 34 个(占比为 79%)机构仅由一个委员会，或理事会，或管理局，或联盟，或技术委员会，或基金组织组成；有 7 个机构(占比 16%)是由多部门和多个层级机构组成(3 个及以上部门)的综合机构，如亚马孙流域 8 个流域国建立的“亚马孙河合作组织”共下设 5 个机构、由尼罗河流域 11 个流域国建立的“尼罗河流域行动组织”共下设 7 个部门/机构。比较单一部门机构与多部门机构之间的合作目标差异，发现：受到单一部门流域机构数量多的影响，各个机构拥有各自不同的合作目标，使得单一部门流域机构的合作目标多样、涉及内容广泛。其中包括许多具体的、可操作性的合作目标，如水电开发及其大坝运行维护与监督、水资源分配标准及监督实施、捕捞规则及限额制度的制定等；同时，也有许多远景发展目标，如生态监测与环境健康维持、水资源有效与可持续利用、流域综合发展等。相比较而言，关注于具体目标的流域机构多于关注远景目标的流域机构。设置有 2 个部门的流域机构数量很少，其合作目标包括信息数据的收集与交流、水资源共享建议和水资源公平利用、保护与管理几个方面。下设有多个部门的流域机构虽然总体数量少于单一部门的流域机构，但其合作目标的多样性更为明显，而且宏观目标上远远多于具体目标，宏观合作目标包括水资源优化利用、效益分配，水资源有效参与式管理、流域自然资源保护与合理利用以及社会经济发展等，具体目标则集中于数据库建设与信息交流、水利设施运行及成本分担、航行管理等。

(2)比较 43 个流域机构主要合作目标之间的共性与差异性。其中，共性表现为部分目标明确，旨在具体执行，如信息交流、水电开发、水利设施建设与维护、航行管理等；而部分目标则宽泛、不具体，是流域国之间的合作愿景，如参与式水资源管理、能力建设、社会经济发展与扶贫等。差异性表现为双边机构与多边机构、不同区域流域机构之间，如双边机构的合作目标较多边机构更为具体、可操作性强，特别是非洲和亚洲的双边机构与多边机构之间；欧洲双边和多边机构的合作，以及北美的双边机构均着重于具体目标的执行，使得流域机构成为流域国间条约/协定的具体执行机构，尽管它们没有决策权；非洲与亚洲的双边机构的合作目标相对于多边机构而言，双边机构合作目标明显多于多边机构，且兼有直接执行的目标和远景规划目标，多边机构职能则集中于宏观发展目标方面，体现出多边机构新建初期不够成熟的基本特征。

(3)43 个流域机构中，有 30 个机构(占 70%)没有确定机构运行或职能履行所需经费的分担与构成方案，而其余 13 个机构则明确了流域机构的财政或成本承担机制。比较此两类流域机构的合作目标，认为确定财务或成本承担机制的流域机构更多地涉及具体的、需要共同完成与执行的目标，如水纠纷防止和解决，水利设施运行成本分担程序设计，水资源开发相关研究、工程等的协调，水资源开发合作与联合行动，水质管理标准、目标、计划与条例、指南的制定、协调统一，拟定协定执行条例与指南等。而没有确定财务或成本承担机制的流域机构，除了需要密切合作的目标外，一些目标则是需要不断推进的工作内容，如协调水资源管理与行动，确定水资源合作领域、保护、利用与共享建议，能力发展，水资源多目标有效水利用、保护和可持续利用，自然资源保护与合理利用，生态平衡与物种保护、协调环境保护，社会经济发展、扩大区域与国际贸易合作，相关者参与等。这些目标的实现不需要合作方之间紧密合作且费用支出可控可调，但也许会限制流域机构在实现流域水资源综合开发与管理中的作用与能力。

(4)分析 13 个流域机构的财务和成本承担机制，其最主要的分担方式为：缔约各方平均分担机构运行费用、项目建设与相关工作的费用，包括水利设施、联合工程和共同认可项目的运行与维护费用，各自承担自己境内项目实施经费、其他当地费用、自己委员会费用及其代表担任委员会主席期间委员会费用、非共同项目支出。其他分担方式包括：各缔约方交纳年费，接受缔约方捐助，联合或各自在国际上融资，轮流承担所有会议及相关费用，以及缔约一方承担大部分费用，如南非与莱索托之间的莱索托高地水委员会。以上财政与成本分担模式的总体特征表现出：其一，平均承担联合运行成本，并各自承担自己人员费用是主要方式；其二，许多机构仅通过交纳年费进行成本分担，但因各方提交的年费无法维持机构的正常运行，为此需要到外部谋求捐助或融资予以弥补经费的不足，特别是南美洲、非洲和亚洲的流域机构；其三，一些机构的成本分担机制则是会议及参会人员费用的分担问题，表明流域的运行模式仅为相关方之间的共同会议，而非常设机构的长效运行。这些特征表现出这类流域机构的运行方式为缔约方各自为主的分散式实施管理与联合协商管理相结合。这样的机构运行方式不需要缔约方之间的密切合作、强有力的执行能力。有具体合作目标或项目时则一起实施，没有具体事务时则仅保持沟通、协商交流。

二、秘书处建设

1. 设有秘书处流域机构的分布及主要职能

Davison 和 Lautze (2016)对非洲跨境流域机构作用的研究结果表明：与没有设立秘书处的流域机构相比，设立有秘书处的流域机构更有利于推动流域管理、吸引更多的外来投资、能够执行更多的项目且这些项目通常具有更大的价值。如有秘书处的流域机构平均获得的项目价值每年约 330 万美元，而无秘书处的流域机构每年获得的项目经费仅为 70 万美元。可见，流域机构下设常设秘书处在促进流域管理、吸引投资乃至项目实施与监督能够发挥重要作用。

全球103个流域机构中有48个(占全球47%)专门设立了秘书处或相关职能的

部门，且它们中绝大多数成为流域机构的常设机构、行政机构乃至执行机构。在区域分布上(表 5-8)，非洲和欧洲分布有最多的设有秘书处的流域机构，其次是南美洲，而亚洲和北美洲则拥有较少的同类流域机构。但在设有秘书处的机构占该区域跨境河流流域机构总数的比例上，北美洲、南美洲和非洲的占比较大、均超过区域流域机构数量的 50%，分别是 67%、62%和 52%，均超过了半数；而亚洲和欧洲的类似流域机构则占比较少，分别为 22%和 45%，特别是亚洲，该类机构数量不足该区域流域机构总数的 1/4。

表 5-8　流域机构秘书处主要职能

Table 5-8　Secretariats' major responsibilities of river basin organizations in different regions

区域	合作方式	机构数	秘书处主要职能
北美洲	双边	4	行政服务(会议组织、会议报告、信息管理)、财务服务、决策服务
欧洲	双边	4	行政服务
	多边	11	行政服务(会议准备、会议组织、会议报告、日程安排、信息管理)、财务服务、编制预算、外联、研究、其他
非洲	双边	2	行政服务、项目运行管理
	多边	15	行政服务(会议准备、会议报告、信息管理、日程安排)、财务服务、预算编制、研究、项目实施、运行与监督执行、能力建设、协调与捐助者关系、外联、寻找资金
南美洲	双边	4	行政服务(会议准备、会议报告、日程安排、信息管理)、财务服务、研究
	多边	4	行政服务(日程安排、会议组织、会议报告、信息管理)、财务服务、编制预算、项目/计划协调、外联
亚洲	双边	2	行政服务(会议组织、会议报告)
	多边	2	行政服务(日程安排、会议组织、信息管理)、财务服务、编制预算、外联、项目/计划协调、项目与工程实施

梳理流域机构秘书处的主要职能(表 5-8)，发现：①秘书处的核心职能是为流域机构提供行政服务，无论双边流域机构，还是多边流域机构。也就是说，秘书处是流域机构的辅助机构。行政服务主要包括流域机构会议的筹备、组织、会议报告的准备与完成、工作计划制订以及数据信息管理等。②绝大多数秘书处在承担行政服务职能的同时还承担着财务服务的职能。财务服务主要包括流域机构的日常经费收支及管理、项目与计划的成本及进度核算等，其中多数秘书处的财务服务职能还包括预算编制。③多数的秘书处还承担了流域内水资源开发利用合作的相关研究，项目、工作和计划的规划、实施、运行及监督管理，以及对外联系的职能。也就是说，许多流域机构的秘书处不仅是一个行政辅助机构，同时还可以是决策执行机构、咨询研究机构以及对外沟通机构。④少数秘书处有协调与捐

资者/国关系、寻求资金来源以及决策服务的职能，表明国际上有少数流域机构的秘书处拥有决策支持作用；少数流域机构因经费不足需要寻求外部资助，要求其秘书处负有与资金捐助者维持联系、协调资助项目及计划，甚至直接去寻求资金支持的职能。

不同区域和不同合作方式下流域机构秘书处承担的职能存在一定差异，表现为：①双边流域机构秘书处的职能较多边机构的职能相对单一，即集中于行政服务职能。区域间，北美洲和南美洲双边机构秘书处各增加了两项职能，北美洲的增加了财务和决策服务职能，表明北美洲流域机构秘书处的决策支持职能较大，而南美洲除了增加财务服务职能外，还增加了相关的研究职能，即需要秘书处具有相关科研的支持能力。非洲双边机构秘书处增加了项目日常运行管理职能，表明秘书处具有一定的执行能力。②多边流域机构的秘书处职能明显多于双边机构秘书处，增多的职能集中于对外联系与沟通和财务服务的职能，最为直接的原因可能是多边合作之间的复杂关系、繁杂事务与经费往来的处理；其次是项目/计划/工程的协调、实施/执行乃至监督执行的职能，突出秘书处在流域国之间的协调能力与执行能力。区域上，非洲多边机构秘书处的职能多于其他三个区域(欧洲、南美洲和亚洲)的机构秘书处职能，多出的且具有区域特色的职能在于能力建设、协调与捐助者关系和寻找资金三个方面，突出了非洲多边流域机构秘书处职能的多元性和专业性，同时，也表现出非洲跨境水资源合作资金的短缺性。亚洲和南美洲多边流域机构秘书处职能大体相同，除秘书处的行政与财务服务职能外，突出了秘书处的执行职能，主要是项目、计划、工程的协调及实施。而欧洲的多边机构秘书处职能则在行政和财务服务职能之外，强调了秘书处的科研职能与执行上层机构委托事务的职能，即咨询与执行职能。

2. 无秘书处流域机构运行特征

1)部门设置及运行

103 个流域机构中有 55 个没有设置秘书处，比有秘书处的流域机构数量多、占比也略大。在区域上，主要分布于欧洲、非洲和亚洲 3 个地区，分别为 18 个、16 个和 14 个，占该类流域机构数量的 87%。南美洲和北美洲的此类机构较少，分别有 5 个和 2 个。从流域机构建设时间上，绝大多数此类机构建立于 20 世纪 70 年代之后，共有 43 个、占 78%，分布于非洲、欧洲、亚洲和南美洲 4 个地区；而 20 世纪 90 年代之后，建有此类流域机构共 27 个，占其总量的 49%，主要分布于非洲、亚洲和欧洲。以上特征表明：全球国际河流流域机构中，没有专门设置以行政辅助职能为主的秘书处机构仍占多数，且大多数建立于第二次世界大战及许多非洲国家独立之后的全球经济快速增长时期，即这类机构多建立于国际河流后开发的地区及相关流域国家之间。

分析以上流域机构的部门设置及其运行情况，发现：

(1)以上55个流域机构中，共有41个(占75%)在其内部仅设置了一个部门，即单一结构的流域机构。其中，双边流域机构占绝大多数，为31个，占76%，且仅9个机构(约占41个流域机构的22%)明确了决策机制，表明该类机构主要是相关流域国为所签订的跨境水条约及目标的实施而建立条约执行机构，即流域机构(多称为委员会、理事会等)直接是流域国家间相关国际条约的执行机构。

(2)有8个流域机构由2个部门组成，一是委员会，二是技术委员会、分委员会、工作小组或常设理事会；8个机构都确定了决策机制。表明这类流域机构的职能运行方式为委员会是流域机构的决策机构，而分委员会、工作小组等则为决策的实施机构。

(3)有6个流域机构设置3个及以上的内部机构，为多层次结构的机构，分别为第一层次的决策机构，如董事会、委员会、首脑会议、部长理事会等；第二层次的监督指导机构，如专家委员会/小组、实施委员会、首席执行官等；第三层次的执行机构，如执行理事会、工作小组、理事等。大体表现出从决策、监督指导到执行的组织结构。

总体上，全球55个无常设秘书处的流域机构作为国际河流后开发地区和流域国间国际河流水资源联合开发与管理的联合机构，其组织结构以单一部门机构为主，其机构运行的主要形式为决策执行和实施。

2)部门设置与职能、合作目标间关系

分析55个流域机构的合作目标与其主要职能、机构设置之间的关系，发现：

(1)单一目标流域机构14个，分布于非洲、欧洲和亚洲3个地区。其中13个为双边流域机构；11个为仅设置了委员会或技术委员会，且基本没有决策机制的单一部门机构。流域机构职能涉及数据信息交流，调查、研究、规划与建议，规则制订，项目实施监督与管理评估(灌溉、水分配、水电、污染防治等)，鱼类及其生境保护等。体现出单一目标流域机构以决策咨询、目标实施为主的职能特征。

(2)多目标流域机构共有36个，是这类机构的主体。其中29个为双边流域机构、7个为多边流域机构。在区域分布上，5大洲均有分布，但仍主要分布于欧洲、亚洲和非洲3个地区。在内部机构设置中，26个流域机构仍然是由委员会、理事会、分委员会/委员会会员、各方代表团建立的单一部门机构，且大多数没有决策机制；6个为由两级部门组成的机构，分别是委员会和分委员会/工作小组/常设理事会构成，且其中5个机构确定了决策机制；4个由3级部门构成的流域机构，分别为委员会/缔约方会议、专家组/理事/发展委员会、工作小组/运行管理局组成，且都确定有决策机制。多目标流域机构的主要职能涉及数据信息收集与交流，调查/勘察、研究与规划/建议，水资源联合开发(水电、灌溉、供水、航运)与管理(保护、可持续利用、制度建设)，水量和水质管理(洪水、缺水、水量调节与分配，污染监测、防止、法律)，项目建设/实施、监督与维护，防止和解决边界水纠纷，综合发展(环境保护、防止水土流失、社会经济发展、扶贫、能力建设、相关者参与)。由此可见，多目标流域机构中仍以单一机构为主，大多没有设置决策机制，以项目或目标实施、决策咨询与支持为主要职能，但较单一目标流域机构的职能范围明显扩大，且多数职能的目标较为明确，易于流域机构的实施。

(3)综合目标职能流域机构仅 5 个，分布于欧洲和跨境河流后联合开发的非洲和南美洲。其中 4 个机构为由委员会/联合委员会、或全权大使会议构成的单一部门机构，且仅有 1 个机构确定了决策机制；1 个机构(由贝宁、加纳、马里等 5 国组建的“沃尔特河流域管理局”)构建三个层次共 6 个部门的机构框架，分别是决策层的首脑会议和部长理事会，工作指导层面的缔约方论坛和专家委员会，以及决策执行与经费支持层面的执行理事会和捐助协商工作组。5 个流域机构的主要职能涉及研究、规划和措施等，水利设施安全/维护、监测，多目标水利用与效益公平分配，防止水污染、控制跨境影响，水资源保护与综合管理(水、生物资源、生态系统)，社会经济发展，能力建设。体现出此类机构的数量少、多数机构缺少决策机制、部分机构经费缺乏问题。它不是构建流域机构的主要形式，机构职能目标多且宽泛，在国际河流水资源开发与管理中的作用需要进一步发展与增强。

总体上，55 个无秘书处的流域机构中，以单一结构、无决策机制的双边机构为主，其主要职能是实施流域国之间确定的单一或多个合作目标，包括调查、研究与建议，信息交流与共享，水资源的多目标开发、实施、监督与维护，水量与水质的管理，区域综合发展等。流域机构主要职能是研究、提出建议、交流信息、执行(开发、监测等)项目/计划推动、协助相关流域国之间跨境水资源的开发合作。

三、执行机构建设

从上文的决策机制建设的内容看，全球 103 个流域机构中既有未明确决策机制的，也有未设立秘书处的，但结合流域机构的合作目标、职能、内部机构设置，并比较相关流域机构的决策机制、秘书处职能等，可以确认各流域委员会的最终决策机构、执行机构及其运行程序。

1. 执行机构设置及其区域性特征

结合全球各流域机构的主要职能、机构内部结构、机构决策机制以及秘书处职能等，可判识出流域委员会/组织/管理局内的执行机构包括 4 类：由流域机构/委员会为主直接执行流域国间确定的合作目标，或流域国授权流域机构承担执行职能；由流域机构/委员会下的分委员会执行流域国或流域机构的决策、合作目标乃至职能；直接由流域机构下的秘书处作为流域国及流域机构决策的执行机构；由流域机构下的工作组、专家组执行流域机构的决策、项目等。这些机构的数量构成与区域分布情况见表 5-9。

表 5-9　流域委员会执行机构、区域分布及其合作目标

Table 5-9　Implementing divisions，the regional distribution and their major responsibilities

执行机构		委员会		分委员会		秘书处		工作组/专家组	
目标	地区	机构	目标/职能	机构	目标/职能	机构	目标/职能	机构	目标/职能
单目标	北美洲	1	渔业管理			1	渔业管理		
	欧洲	4	水电开发、航行、渔业、边界管理	2	研究、污染控制	1	航行管理	2	航行管理
	南美洲	1	水利经济						
	非洲	4	项目实施、信息交流、规划与研究、灌溉	3	水电设施运行、规划、渔业管理	1	水电设施运行		
	亚洲	3	水分配、项目运行监督、行动协调			1	信息交流		
多目标	北美洲	2	大坝运行、信息交流、航行管理、环境监测、纠纷解决、经济发展	2	水量分配、洪水管理、边界管理、水质监测				
	欧洲	4	规划、信息交流、设施建设、污染控制、水流调节、灌溉、供水、洪水管理、纠纷解决、行动协调、水资源及环境保护、参与管理	5	航行管理、渔业管理、洪水管理、信息交流、研究、项目规划、水电开发、水分配、污染控制、生境保护、联合管理	2	法律执行、洪水管理、污染控制、环境保护	11	洪水、信息交流、供水、航行、水电、设施运行、条约制定、研究、污染控制、规划、协调、气候变化适应、环境保护、经济发展
	南美洲	3	信息交流、研究、水电开发、洪水管理、污染控制、环境保护、流域管理、综合发展	2	信息交流、航行管理、渔业管理、水电开发、设施建设、水资源评估、研究、污染控制、资源保护	2	水资源与环境保护、行动计划、技术与金融合作、灾害与风险管理、经济发展		
	非洲	6	水电、设施运行、灌溉、水分配、信息交流、抗旱措施、规划、污染控制、水土流失防治、水资源保护、经济发展	5	水电、水分配、航行、渔业、信息交流、研究、规划、污染控制、资源保护、行动协调	3	信息交流、调查、研究、规划、防洪抗旱、经济发展、贸易合作、能力建设	1	信息交流、项目调查、河流保护、规划、污染控制

续表

执行机构		委员会		分委员会		秘书处		工作组/专家组	
目标	地区	机构	目标/职能	机构	目标/职能	机构	目标/职能	机构	目标/职能
	亚洲	11	水电、灌溉、信息交流、研究、规划、设施建设、洪水、航行、污染控制、纠纷解决、政策协调、经济发展、能力建设	1	信息交流、联合研究、水利用监测、设施运行、用水规划、水资源保护、政策协调			1	水利设施运行、规划、水资源管理
综合目标	欧洲	1	设施运行、渔业管理、规划协调、水位控制、方案制定、污染控制					1	信息交流、防洪抗旱、灌溉、污染防止、环境保护、联合管理
	南美洲	3	水电开发、灌溉、基础设施建设、用水规划、资源利用、开发协调、交通改善、能力建设、经济发展	2	航行管理、研究、规划、科技合作、设施建设与监测、污染控制、环境保护、农业与经济发展				
	非洲	1	设施运行、洪旱影响监测、污染控制、规划协调、突发事件防控、能力建设	4	研究、航行、水电、渔业、规划、政策协调、设施建设、资源保护、经济贸易	5	水电、渔业、航行、规划、污染控制、疾病控制、区域发展、环境保护		
	亚洲					1	水多目标开发、政策协调、水资源保护与管理		

(1) 由流域“委员会/管理局/理事会”承担执行任务的流域机构。全球共有此类流域机构 44 个，占全球流域机构总数的 43%，是流域机构的主体。此类机构还可分为两个大类，一是委员会为唯一执行机构的类型，二是由委员会和国家委员会(作为条约成员国的流域国为对接国家间国际河流流域机构的行政、技术等事务而专门成立的国内机构)共同承担相关职能的执行机构类型。在全球 5 大区域的分布上，此类机构在 5 个地区均有分布，从数量上看主要分布于亚洲、非洲和欧洲，但从该类机构占各地区流域机构数量的比例看，除欧洲的该百分比值(27%)小于 30%以外，其余 4 个大洲的均超过 1/3，其占比值从大到小为：亚洲 78%、南美洲 54%、北美洲 50%和非洲 33%，表明这类机构不仅是国际河流流域机构的主体，而且具有全球普遍性，无论该流域机构是否具有一定的决策权，但其起码具有执行权。

(2) 由流域委员会下设的分委员会执行委员会决定、方案等的流域机构，这些执行机构被称为：分委员会、运行管理局、技术分委员会、协调委员会等。这类机构共 26 个，占全球流域机构总数的 25%，包括：分委员会单独履行职能的机构、分委员会与相关工作组共同组成的联合执行机构以及由分委员会与国家委员会共同构成的执行机构 3 种类型，其中由分委员会直接执行的机构数量最多。在区域分布上，同样是这类机构在全球 5 大洲均有分布，具有一定的普遍性；从机构的数量上看，此类机构主要分布于非洲、欧洲和南美洲，北美洲和亚洲数量较少，但从此类机构占各地区流域机构数量的比例看，非洲、北美洲和南美 3 个地区此类机构的占比接近、等于或超过 1/3，而在欧洲和亚洲的占比较低，特别是亚洲的占比仅 6%。表明此类执行机构在流域机构内的设置在非洲、北美洲和南美洲具有一定的代表性，并且在全球也有一定的普遍性；此类流域机构在内部设置上出现了多级化，且绝大多数流域机构确立了决策机制，流域机构或多或少拥有了一定的决策权。

(3)流域委员会下设专门工作组、专家组，用于对流域机构具体项目、设施、事务等的实施与执行。这类机构共有 17 个，占全球流域机构总数的 17%。在区域分布上，这类机构仅分布于欧洲、亚洲和非洲 3 个地区，特别是欧洲，该类机构的数量最多、有 14 个，而亚洲和非洲的数量很少；从此类机构占 3 个地区流域机构数量的比例看，欧洲此类机构的数量占比达到 42%，而亚洲和非洲的占比值分别为 11%和 3%，可见，该类机构具有明显的区域性和专业性。

(4)秘书处不仅是流域机构的行政乃至财务辅助机构，而且是流域机构职能的执行机构。全球共有此类流域机构 16 个，占全球流域机构总数的 16%，包括秘书处直接作为执行机构和由秘书处与国家委员会共同构成执行机构 2 种类型，其中秘书处执行流域委员会决策的机构数量占绝大多数。在区域分布上，这类机构也在全球 5 大洲均有分布，具有一定的普遍性；从机构的数量上看，此类机构主要分布于非洲，而其他 4 个地区有少量分布，但从此类机构占各地区流域机构数量的比例看，非洲、北美洲和南美洲 3 个地区此类机构占比超过 10%，而欧洲和亚洲占比低，表明将秘书处设置为流域机构的执行机构在非洲、北美洲和南美洲具有一定的代表性，且秘书处的职能呈多样化、能力建设呈专业化发展。

总体上，流域委员会/管理局直接作为流域国合作条约目标的执行机构，是国际河流流域机构的主体，具有普遍性和代表性，但此类机构绝大多数没有决策机制、是单一结构组织，其决策权掌握在相关流域国政府手中，其独立性与权威性不足；其余 3 类执行机构的设置，尽管工作组/专家组作为流域委员会执行机构的组织形式具有明显的区域性，但 3 类机构的设置总体上体现了流域机构的独立性、多级化、专业化、多功能性的发展趋势，且流域委员会或多或少地获得了一定的决策权。

2. 流域执行机构的主要合作目标

分析不同合作目标下的流域执行机构的具体目标及区域间差异(表 5-9)，主要结果如下。

(1)全球共有 24 个为单目标合作而建立的流域机构，受到合作目标明确，或者说直接而单一目标的影响，其中有 13 个，占 54%的流域机构/流域委员会，是流域国合作目标的执行机构，在一定程度体现出单合作目标下的流域机构设置较为简单的特征。从各区域流域机构所推进的合作目标看，北美洲的 2 个机构的目标均为国际河流/湖泊上的渔业管理问题；欧洲的 9 个流域机构共有 6 个合作目标，其中国际河流上的航行管理是主要目标；非洲有此类机构 8 个，涉及 6 个合作目标，其中主要实施的合作目标是水电设施的运行、问题研究与开发项目规划；亚洲的 4 个流域机构，负责 4 个目标的执行，包括：实施项目的运行、水分配方案的执行、流域国间水资源开发行动的协调和水资源信息的交流；南美洲仅有 1 个此类机构，负责国际河流共享水资源经济开发的合作。相对而言，北美洲和欧洲的此类机构执行的目标更为具体、明确，且管理职能居多，如渔业管理、航行管理、边界管理以及污染控制，而非洲、亚洲和南美洲的流域机构的职能较为简单、宽泛，管理职能较少而项目执行职能较多，合作层次较低。

(2)多目标合作流域机构数量最多，共有 61 个，占全球流域机构总数的 59%。在 4 类承担执行职能的机构中，由流域委员会、分委员会、秘书处和工作组作为流域国合作目标执行机构的流域机构数分别为 26 个、15 个、7 个和 13 个，所占比例分别为 43%、25%、11%和 21%，即虽然由流域委员会直接担任执行机构的比例仍旧最高，但不具有绝对优势，而由委员会下设的分委员会和工作组承担执行职能的数量和比例明显增加，表明随着流域国合作目标的增加，作为流域国联合机构的流域委员会直接承担执行职能的比例减小，而委员会内设机构增多，职能进一步分解、专业化水平提高。从各区域合作目标看，北美洲有此类机构 4 个，合作目标从微观的大坝运行、信息交流、环境/水质监测、水量分配，到宏观的纠纷解决、洪水管理、区域经济发展等。欧洲的此类机构在 5 个区域中数量最多，有 22 个，其中有 11 个流域机构的执行机构为专业工作/专家组，专业化程度很高。欧洲这类机构的涉及合作目标非常广泛，从国际河流合作的普遍目标，如航行管理、洪水管理、水电开发等，到近年广受关注的目标，如生境/环境保护、气候变化适应、参与管理等。南美洲有此类机构 7 个，涉及一些具体的合作目标，如信息交流、联合研究、制定行动计划；也有一些内容宽泛的目标，如资源环境保护、综合发展、灾害与风险管理等。非洲和亚洲的此类机构比较多，合作目标近似，其中以具体目标为主，如水电开发、水资源分配、信息交流、联合研究与规划等；宏观目标为辅，如政策协调、能力建设、经济发展和资源保护与管理等。总体上，所有区域的多目标合作流域机构均兼顾了具体目标与宏观目标，特别是关注到了污染控制、经济发展等目标的合作，但是在区域之间仍旧存在较为明显的差异，如北美洲的流域机构均为双边机构，鉴于双边关系与行动较多边更容易协调，为此流域机构的合作目标多为具体和明确的目标。欧洲的该类机构数量多，且双边机构和多边机构数量相当，为此，其合作目标有以具体目标为主、宏观目标为辅的特征，其中出现了一些新合作目标及合作意向，如参与式流域管理、气候变化适应以及条约制定等。发展中地区的南美洲、非洲和亚洲的合作目标仍旧集中于水资源的开发利用，以及经济发展、贸易合作方面，与此同时，开始关注到污染控制、环境资源保护以及能力建设方面的合作。

(3)全球有 6 个以上合作目标的流域机构称为综合目标合作流域机构，共有 18 个，主要分布于非洲(10 个)和南美(5 个)两个地区。在执行机构方面，由委员会、分委员会和秘书处作为执行机构的流域机构数量几乎相当。但从数量占比上看，由流域机构下设的分委员会和秘书处作为执行机构的比例略高，均占 33%，同样表现出合作目标增加使得流域机构内部设置呈多元化方向发展，但其发展程度低于多目标合作的流域机构。从区域合作目标上看，北美的双边合作没有目标过于宽泛的流域机构建设；欧洲仅有 2 个此类机构，合作目标集中于具体目标，以及较少的宏观目标，如联合管理、环境保护；南美洲此类机构的合作目标中具体目标与宏观目标相当，其中具体目标集中于水利设施建设、灌溉发展、航行管理等，宏观目标则为经济发展、能力建设与环境保护等；非洲的此类流域机构主要由秘书处和分委员会承担执行机构，合作目标宽泛，从水电开发、研究与规划，到政策协调、经济贸易发展乃至疾病控制；亚洲的此类流域机构仅有 1 个，即湄公河流域委员会，涉水问题均为其合作目标。总体上，这类流域机构是三类机构中数量最少，也是后发展建立起来的，目标是远大的，期望值也是很高的，但其实际的工作效率有待观察。

综上所述，以上三类流域机构，随着合作目标的增加，由流域委员会直接作为执行机构的比例呈明显下降趋势，而分委员会、秘书处及工作组作为执行机构的比例则呈增加趋势，表明流域机构合作目标增加促使流域机构内部设置向多元化与专业化方向发展。在不同合作目标下，区域合作目标的主要目标及表现出来的合作层次存在一定差异，如在单一合作目标方面，北美洲和欧洲发达地区的合作目标更为具体而直接，合作层次更为深入，而发展中地区的南美洲、非洲和亚洲的合作目标更为简单、宽泛，合作层次相对较低。多目标合作方面，各区域的合作目标均表现为具体目标与宏观目标相结合，开始关注污染控制、环境保护等目标，但在发达地区，如欧洲，出现了一些新的、具有前瞻性的合作目标，如：生境/环境保护、气候变化适应、参与管理等，而发展中地区的合作目标除突出了水资源开发与管理合作之外，也关注了经济发展、贸易合作。对于综合目标的合作，发达地区的北美洲和欧洲给予了很少的关注，而南美洲和非洲地区则给予了更多的关注、合作目标过于宽泛，且多由秘书处和分委员会予以执行，合作的实际成效需要进一步观察。

四、机构运行经费来源及费用分摊机制

足够、可靠和可持续的经费保障是机构维持正常运行，完成工作职能和执行其活动的基本保障条件(Schmeier，2014)。通过对全球 103 个流域机构的投融资机制(funding mechanism)和成本分摊机制(cost-sharing mechanism)情况的梳理，结果如下(表 5-10)。

表 5-10 确定了成本分摊机制的流域机构的区域分布

Table 5-10 Regional distribution of the river basin organizations with cost-sharing mechanism

地区	流域机构数			成本分摊机构数			备注
	总数	成本分担	外部支持	平均分摊	平衡分摊	混合分摊	
北美洲	6	6	0	3	2	1	(1)平均分摊：承担自己人员支出，平均承担联合支出。(2)平衡分摊：依据受益比例分担；协商确定共同费用的承担份额；各自委员会自己承担
欧洲	33	23	0	9	13	1	(1)平均分摊：承担自己境内支出，包括其代表担任委员会主席期间费用；平均分担委员会费用 (2)平衡分摊：承担各自参会费用/开发成本；依据规则/特定标准承担公共成本，如：依据个案安排、工程受益比例分担，他方境内项目费用可协商分担，轮流/主办方承担会议及相关费用
南美洲	13	6	2	4	2	0	(1)平均分摊：分摊机构运行、大坝建设与相关工作费用；承担各自非项目支出 (2)平衡分摊：以获得电量比例分担联合水电工程成本，以各国对航道设施的使用程度比例分担航运工程成本，每年向委员会支付预算份额等
非洲	33	24	11	10	13	1	(1)平均分摊：承担境内/自己人员费用，平均分摊公共费用/常规预算 (2)平衡分摊：依照财务条约/预算/理事会决定、工程受益比例，基于流域内面积、人口和经济实力(GDP 百分比)比例分摊；发电收入、成员国年费、捐赠等
亚洲	18	4	3	1	3	0	(1)平均分摊：平均分担公共费用 (2)平衡分摊：承担设施运行与维护和其他共同认可项目的费用，秘书处工作经费或提供场所；外部资金支持
全球	103	63	16	27	33	3	

(1)共有 63 个流域机构确定了明确的投融资机制或机构运行的成本分摊机制，表明仅有约 61%的流域机构能够在较为稳定的经费来源下维持运行，发挥其促进流域水资源利用与协调的作用。

(2)从以上机构在各区域分布数量上看，非洲和欧洲拥有较多的这类机构，

而北美洲、南美洲和亚洲则较少，其中亚洲拥有的这类机构数量最少。从这类机构占各区域流域机构的比例情况看，北美洲的 6 个流域机构全部建立了经费运行机制，欧洲和非洲有超过 70%的流域机构明确了成本分摊机构，南美洲和亚洲分别仅有 6 个和 4 个流域机构确定了运行成本分摊机制，分别占两个区域流域机构数量的 46%和 22%，说明，受到区域经济发展水平差异的影响，发达地区流域机构较发展中地区流域机构能够从相关国家获得的经费支持力度大，其流域机构的运行前景更优。

(3)流域机构是否需要接受外部经费(如捐助、赠款、捐赠等，但不包括项目建设贷款)可以作为流域机构财政自给状况的判识条件。依据数据库内对流域机构投融资和成本分摊机制的描述，可认识到：北美洲的 6 个流域机构和欧洲的 23 个流域机构的运行经费完全由相关流域国承担，不需要外来经费的支持，即所有的流域机构能够实现财政自给；非洲的 33 个流域机构中有 24 个机构明确了投融资和成本分摊机制，但其中的 11 个机构(占比 46%)在其投融资机制中明确需要寻求外部资金的支持，即 24 个流域机构中仅有 54%的机构可能实现财政自给；同样，在南美洲和亚洲各有 6 个和 4 个有投融资和成本分摊机制的流域机构，分别有 2 个和 3 个机构需要寻求外部资金的支持，即南美洲和亚洲有成本分摊机制的流域机构中能够实现财政自给的流域分别为 67%和 25%。由此表明，发达地区的北美洲和欧洲的流域机构财政自给率高，且远远高于发展中地区；非洲和亚洲两个地区流域机构的财政自给率较低，特别是亚洲。整体上，发达地区的北美洲和欧洲确定了机构运行经费来源和成本分摊机制的流域机构占比大，且机构的财政自给率高，而发展中地区多数甚至是绝大多数流域机构没有明确的运行经费来源，而且其中一些机构虽然有一定的经费来源，但不能保证其财政自给，即成员国的出资金额不足以保证机构的正常运行。

(4)将流域机构数据库所提供的成本分摊信息梳理、归纳为两种分摊方式，即对流域机构的运行成本在成员国之间进行平均分摊的方式(简称：平均分摊)，和相关成员国经协商以特定指标/标准就具体事件/项目确定的分摊方式(简称：平衡分摊)。比较 2 种成本分摊方式的机构数量及其区域分布情况，结果为：63 个流域机构中共产生了 3 种类型的成本分摊方式，即平均分摊、平衡分摊和混合分摊方式(部分成本以平均方式分摊，部分成本则平衡分摊)。从 3 类分摊方式的机构数量上看，平衡分摊成本的机构数量最多，为 33 个，占比为 52%；其次是平均分摊成本的机构数量较多，为 27 个，占比 43%；混合式成本分摊的机构数量最少，仅有 3 个，占比为 5%。虽然平均分摊和平衡分摊的机构数量之间相差不大，但表现出：体现“利益共享”的成本平衡分摊方式已经超过以体现流域国之间公平的平均分摊方式，成为国际河流水资源利用的发展趋势，其中平衡分摊方式中的利益共享标准包括“收益比例”“获得电量比例”“航道的使用比例”等。

(5)比较各地区之间流域机构成本分摊的具体方式，可以看到其中存在诸多共同点，同时也存在一定的区域差异。这些特征具体表现为：其一，各区域流域机构均包括了3种成本分摊方式，尽管在比重上存在差异；其二，各地区流域机构成本平均分摊方式的内容基本相同，即平均承担公共费用/联合支出/常规预算，但一旦出现国家委员会时，各国需各自承担其委员会及相关人员的各自境内日常支出；其三，在非平均的专项成本分摊和其他成本分摊的平衡方式中出现了依据专门协议/条约、机构理事会决定等确定分摊比例的方式，有依据联合项目/设施的受益比例进行分摊方式，包括从发电厂获得的发电量比例、航道的使用比例等，有依照成员国在流域内的国土面积、人口乃至GDP所占的比例进行分摊的方式等；其四，在非洲和亚洲两个地区出现了较为明显的、需要外部经费输入以维持流域机构运行的情况，如在其成本分摊方式的具体内容中已经有所体现。

五、流域机构能力建设基本状况

从以上对全球103个国际河流流域机构的类型及内部设置、决策机制建设、执行机构及秘书处职能设置和流域机构运行经费来源等状况的分析，可以看到不同流域机构之间存在明显的差异。这些差异从不同方面体现了流域机构在推动国际河流水资源合作的能力。诸如：具有一定决策权的流域机构能够更有效地促进流域国间的合作、提高合作效率；设置有专职、常设秘书处的能够保证流域国之间交流渠道畅通并形成一个长效合作机制；流域机构专门设置专业工作组、专家工作组的，有利于不同合作目标的实施；以及拥有稳定、长效的经费保证且不依赖外部资金援助的流域机构更具有独立性，更有利于维持流域国之间的长期合作等。可以说，这样的流域机构才具有更强的推进合作的能力。

基于对103个国际河流流域机构建设情况及特征的介绍，分析流域机构合作目标、合作方式、部门组成、决策机构及机制、执行机构、秘书处、成本分担方式与有无外部资金输入之间的相互关系，判断流域机构建设中需要考虑的关键因素，或者说主要机制。此研究将前文中对流域机构的各项机制特征进行主观数值化评价(表5-11)，借助数理统计方法，计算获得各组数据之间的相关性系数。依据各项机制之间相关系数的大小，结合各机制的具体内容，分析、确定流域机构建设需要不断明晰的重要机制设置。

表 5-11 流域机构各项机制特征及其数值化赋值

Table 5-11 Quantized characters of each of the factors of the river basin organizations

机制与赋值	合作目标	合作类型	合作范围	部门数	决策机构	决策机制	执行机构	秘书处	成本分担
0						无		无	无
1	单目标	双边	全流域	1 个	政府等	有	委员会	有	有
2	多目标	多边	局部	2 个	委员会		分委员会		
3	综合			3—4 个	委员会、政府		秘书处、国家委员会		
4				5 个以上			工作组		

通过对流域机构建设中的 9 项机制特征数值化赋值及其数据间的相关性分析，其结果显示如下(表 5-12)。

表 5-12 流域机构机制间的相关关系分析

Table 5-12 Correlations between the factors of the river basin organizations

	合作目标	合作类型	流域范围	部门数	决策机构	决策机制	执行机构	秘书处	成本分担
合作目标	1								
合作类型	0.39	1							
流域合作	0.23	0.26	1						
部门数	0.31	0.47	0.24	1					
决策机构	0.04	-0.04	0.10	0.20	1				
决策机制	0.17	0.23	0.24	0.56	0.48	1			
执行机构	0.11	0.37	0.13	0.64	0.29	0.46	1		
秘书处	0.18	0.44	0.22	0.76	0.22	0.47	0.64	1	
成本分担	0.25	0.33	0.20	0.58	0.33	0.56	0.51	0.52	1

(1)流域机构各项机制间存在密切正相关关系的包括流域下设部门数量与决策机制、秘书处、成本分担机制和执行机构之间，执行机构与秘书处、成本分担之间，秘书处与成本分担机制之间，以及决策机制与成本分担机制之间。表明决

策机制与成本分担机制构建、执行机构与秘书处的设置是流域机构建设的关键，它们之间相互影响、相互依存，并对流域机构在促进流域国之间合作的能力产生重要影响。

(2)机制间存在较好相关性的分别是决策机制与决策机构、秘书处、执行机构之间，合作类型与部门数量、秘书处设置之间，合作类型执行机构设置、成本分担机制之间，以及合作目标与合作类型、机构内部部门数之间。表明当决策机构被确定为相关流域国政府、流域机构本身或者是由流域国政府与流域机构共同承担时，则确定了流域机构在国际河流合作中的地位以及发挥实际作用的能力，进而影响到决策机制与成本分担机制的设置、执行机构及秘书处的职能安排。由于双边合作和多边合作所涉及的国家数量存在明显差异，以及多个流域国合作目标的多元化，影响到合作目标的确定、部门分工细化、常设机构秘书处的设置以及维持运行成本的安排等。因此，流域合作决策机构的确定通过决策机制设置影响到流域机构在流域合作中所能发挥的作用，是流域机构制度建议核心内容之一。

(3)流域国合作所涉及的范围与流域机构相关机制设置之间的相关性不强，表明流域国无论选择全流域合作还是选择流域局部合作均不会影响流域机构的建设；流域国确定的合作目标除了与合作类型、流域机构内部门数之间存在一定的相关性之外，与机构其他机制建设之间的相关性不强，表明合作目标的多少与双边或多边合作机构以及流域机构设置部门数量之间存在一定的相互影响外，与是否建立其他机制之间不存在明显直接关系。

综上所述，流域机构建设是促进和维持国际河流流域国之间合作的重要桥梁与沟通通道，在国际河流流域水资源利用与管理中发挥越来越重要的作用。尽管从目前的初步统计上看，从 1816—2007 的 190 年间全球共有国际河流流域机构 103 个，所涉及的国际河流数量不足全球国际河流总数的 40%，但合作目标广泛，涉及具体的水资源开发利用目标、信息共享到水资源的规划、综合管理以及区域经济发展、人力资源开发、应对气候变化等。通过对流域机构相关职能设置、制度建设及机构运行方式等方面的综合分析，寻求流域机构建设在不同区域环境下、不同合作目标下的制度和机制建设的基本特征，为中国主导和参与国际河流流域机构建设提供可借鉴内容。从对 103 个流域机构的类型、内部机构设置、职能安排，决策机构、执行机构和秘书处设置，以及决策机制、机构运行经费和成本分担机制构建的分析结果看，国际河流流域机构建设的核心内容是决策机构的决定，其直接影响到流域机构在推进流域合作中所能发挥的作用及能力；决策机制与成本分担机制构建、执行机构与秘书处的设置是维持流域机构正常运行的重要构件。

参 考 文 献

北京师范大学地理环境保护科研组，1976. 评所谓“环境危机”[J]. 环境科学，1(2)：13-17.

卞锦宇，耿雷华，田英，2012. 中俄水质标准的差异及其对我国跨界河流开发与保护的影响[J]. 中国农村水利水电，(5)：68-71.

蔡守秋，1981. 论国际环境法(续)[J]. 法学研究资料，28(5)：8-16.

蔡运龙，2002. 自然资源学原理[M]. 北京：科学出版社.

曹明德，2004. 论我国水资源有偿使用制度——我国水权和水权流转机制的理论探讨与实践评析[J]. 中国法学，21(1)：77-86.

柴宁，2006. 资本理论在跨界河流流域可持续管理中的应用及实例分析[J]. 辽宁大学学报(哲学社会科学版)，34(4)：116-120.

常青，1993. 南亚国际河流及其水资源开发[J]. 环境科学进展，14(4)：73-81.

陈桂浓，2008. 清远市乐排河氰化物跨境污染应急处理案例分析[J]. 环境科学与管理，33(5)：8-10.

陈丽晖，曾尊固，2000. 国际河流流域整体开发和管理的实施[J]. 世界地理研究，9(3)：21-28.

陈文，2011. 水资源权属及交易制度法律探析[J]. 商品与质量・科学理论，18(7)：44-45.

程适良，1997. 新疆萨尔特卡勒玛克人的民族认同感与发展趋向[J]. 中央民族大学学报，24(6)：32-38.

崔建远，2002. 关于水权争论问题的意见[J]. 政治与法律，21(6)：29-38.

邓宏兵，2000. 我国国际河流的特征及合作开发利用研究[J]. 世界地理研究，9(2)：93-98.

邓铭江，2012. 哈萨克斯坦跨界河流国际合作问题[J]. 干旱区地理，35(3)：365-376.

邓铭江，龙爱华，2011. 咸海流域水文水资源演变与咸海生态危机出路分析[J]. 冰川冻土，33(6)：1363-1375.

邓铭江，龙爱华，李湘权，等，2010. 中亚五国跨界水资源开发利用与合作及其问题分析[J]. 地球科学进展，25(12)：1337-1346.

董芳，2013. 国际涉水条约中跨界水条约和界水条约的异同点[J]. 水利经济，31(6)：13-17.

冯彦，何大明，2002. 多瑙河国际水争端仲裁案对我国国际河流开发的启示[J]. 长江流域资源与环境，11(5)：471-475.

冯彦，何大明，包浩生，2000. 国际水法的发展对国际河流流域综合协调开发的影响[J]. 资源科学，22(1)：81-84.

傅晨，2002. 水权交易的产权经济学分析——基于浙江省东阳和义乌有偿转让用水权的案例分析[J]. 中国农村经济，18(10)：25-29.

高而坤，2010. 中国水权制度建设[M]. 北京：中国水利水电出版社.

高虎，2008. 我国跨境河流水能开发的思考[J]. 中国能源，30(3)：11-13.

高前兆，李小雁，苏德荣，等. 2002. 水资源危机[M]. 北京：化学工业出版社.

格拉姆鲍夫 M，2010. 水资源综合管理[M]. 赫英臣，宋永会，许伟宁，译. 北京：中国环境科学出版社.

耿雷华，陈霁巍，刘恒，等. 2005. 国际河流开发给中国的启示[J]. 水科学进展，16(2)：295-299.

龚向前，2014. 发展权视角下自然资源永久主权原则新探[J]. 中国地质大学学报(社会科学版)，14(2)：66-74.

谷德近，2003. 非航行利用国际水道法公约简评[Z]. 中国法学会环境资源法学研究会(中国 武汉).

国冬梅，张立，2011. 跨国界流域内上下游国家权利与义务分析[J]. 环境与可持续发展，36(6)：65-70.

国际法委员会，1994. 国际法委员会第四十六届会议工作报告(中文)[R]. 纽约：联合国.

韩德培，1992. 现代国际法[M]. 武汉：武汉大学出版社.

韩啸，2011. 水资源挑战迫近中国[J]. 人民论坛，20(11)：138-139.

郝少英，2011. 论国际河流上游国家的开发利用权[J]. 资源科学，33(1)：106-111.

郝少英，2013.《国际水道非航行利用法公约》争端解决方法评析[J]. 清华法治论衡，14(3)：215-228.

何大明，冯彦，2006. 国际河流跨境水资源合理利用与协调管理[M]. 北京：科学出版社.

何大明，冯彦，甘淑，等. 2006. 澜沧江干流水电开发的跨境水文效应[J]. 科学通报，51(增刊)：14-20.

何大明，刘昌明，杨志峰，1999. 中国国际河流可持续发展研究[J]. 地理学报，54(增刊)：1-10.

何京，2003. 漫谈欧洲水管理[J]. 水利天地，20(8)：30-31.

胡孟春，2013. 中哈跨境河水质标准及评价方法对比研究[J]. 环境科学与管理，38(7)：179-185.

胡文俊，杨建基，黄河清，2010. 西亚两河流域水资源开发引起国际纠纷的经验教训及启示[J]. 资源科学，32(1)：19-27.

胡文俊，张捷斌，2009. 国际河流利用的基本原则及重要规则初探[J]. 水利经济，27(3)：1-5.

黄德春，许长新，2006. 基于整体开发管理的国际河流决策支持系统[J]. 中国人口资源与环境，16(2)：137-141.

黄俊杰，施铭权，辜仲明，2006. 水权管制手段之发展——以德国、日本及美国法制之探究为中心[J]. 厦门大学法律评论，1(1)：170-202.

黄荣钦，1959. 介绍苏联罗斯托莫夫专家的小流域暴雨径流计算方法[J]. 水文月刊，4(5)：7-11+23.

黄锡生，2005. 水权制度研究[M]. 北京：科学出版社.

黄锡生，峥嵘，2012. 论跨界河流生态受益者补偿原则[J]. 长江流域资源与环境，21(11)：1402-1408.

黄元镇，朱宝复，等，1958. 捷克斯洛伐克的水力发电建设事业[J]. 水力发电，5(2)：40-47.

贾琳，2008. 国际河流开发的区域合作法律机制[J]. 北方法学，2(5)：104-110.

姜蓓蕾，耿雷华，沈福新，等. 2011. 跨界河流安全的内涵浅析[J]. 水利科技与经济，17(12)：25-27.

姜文来，2007. "中国水威胁论"的缘起与化解之策[J]. 科技潮，19 (2)：18-21.

金辰，2008. 拿什么拯救你，淡水河[J]. 环境，26(5)：34-37.

金海统，2004. 论水权物权立法的基本思路[J]. 法学，49(12)：97-99.

卡德尔，1982. 伊犁河径流量多年变化分析[J]. 新疆地理，(Z1)：46-50.

开山屯化学纤维厂检验科，1974. 工厂废水分析报告[J]. 造纸技术通讯，5(3)：27-31.

柯坚，高琪，2011. 从程序性视角看澜沧江-湄公河跨界环境影响评价机制的法律建构[J]. 重庆大学学报(社会科学版)，17(2)：14-22.

孔令杰，2012.《联合国国际水道非航行使用法公约》的地位与前景研究[J]. 武大国际法评论，10(2)：91-105.

孔令杰，田向荣，2011. 国际涉水条法研究[M]. 北京：中国水利水电出版社.

雷晓辉，周祖昊，丁相毅，等. 2009. 分布式水文模型子流域划分中界河、海岸线的处理研究[J]. 水文，29(6)：1-5.

李奔，谈广鸣，舒彩文，等. 2010. 国际河流水资源开发利用的多目标决策模型[J]. 武汉大学学报(工学版)，43(2)：153-157.

李奔，王雨辰，史雨鑫，2013. 层次分析法在跨境河流管理中的应用[J]. 水电能源科学，31(7)：151-153.

李芳，2013. 中国特色社会主义二元所有权制度构建研究——马克思所有权理论的当代启示[J]. 马克思主义与现实，24(5)：160-165.

李国刚，2003. 跨界河流的水质监测(1)[J]. 中国环境监测，19(4)：60-63.

李行健，2005. 现代汉语规范词典[M]. 北京：外语教学与研究出版社，语文出版社.

李捷，1959. 跃进中的水利水电工程地质勘察工作[J]. 水文地质工程地质，3(9)：14-17.

李铮，2001. 论《非航行利用国际水道法公约》的争端强制解决方法[C]. 环境资源法学国际研讨会论文集(中国福州)：349-354.

李正，陈才，2013. 次区域合作背景下国际河流通航利用的冲突模式——澜沧江-湄公河与图们江的实践比较[J]. 东北亚论坛，22(2)：98-106.

李正，甘静，曹洪华，2013. 图们江国际通航的合作困局及其应对策略[J]. 世界地理研究，22(1)：39-46.

里岗，1979. 西欧五国经济观感[J]. 世界经济，2(1)：36-41.

梁淑英，1997. 论国家领土主权[J]. 法律适用，12(5)：30-32.

刘昌明，周成虎，陈曦，等. 2015. 我国跨境河流水安全问题的战略对策与建议(咨询报告)[R]. 北京：中国科学院.

刘成武，杨志荣，方中权，等. 2002. 自然资源概论[M]. 北京：科学出版社.

刘春梅，薛丽，2011. 浅谈我国跨界河流水污染问题产生的原因及应对措施[J]. 水利天地，43(8)：9-11.

刘洪先，2001. 欧共体委员会的欧洲水管理框架[J]. 海河水利，20(2)：44-46.

刘华，2015.《国际水道非航行使用法公约》的生效及其潜在影响——以澜沧江-湄公河为基础[J]. 云南大学学报(法学版)，28(2)：83-88.

刘金吉，2005. 跨界河流污染原因分析及防治对策[J]. 干旱环境监测，19(1)：398-398.

刘金吉，李冬云，安促泽，等，2007. 加强区域环境合作携手共治跨界水污染[J]. 环境研究与监测，26(4)：54-57.

刘卫先，2013. 自然资源国家主权的环境法意蕴及其体现[J]. 南京大学法律评论，20(1)：52-61.

刘忠慧，王洪阁，1987. 黑龙江省水能资源发展战略设想[J]. 自然资源研究，9(1)：35-39.

流域组织国际网，全球水伙伴，等，2013. 跨界河流、湖泊与含水层流域水资源综合管理手册[M]. 水利部国际经济技术合作交流中心，译. 北京：中国水利水电出版社.

鲁传颖，2014. 主权概念的演进及其在网络时代面临的挑战[J]. 国际关系研究，2(1)：73-81.

罗贤玉，1989. 国际河流的水利开发[J]. 世界知识，56(1)：28.

马波，2010. 论我国在国际河流开发中的问题及多维法律思考[J]. 法学杂志，(1)：139-141.

中国人民大学马克思列宁主义基础系资料室. "马克思、恩格斯、列宁、斯大林论共产主义社会"名词简释[J]. 教学与研究，1958，(12)：59-63.

梅汝璈，1956. 卑之无甚高论[J]. 世界知识，23(19)：17-18.

裴丽萍，2007. 可交易水权论[J]. 法学评论，28(4)：44-54.
彭盛华，尹魁浩，梁永贤，等. 2011. 深圳市河流水污染治理与雨洪利用研究[J]. 环境工程技术学报，1(6)：495-504.
片冈直树，2005. 日本的河川水权、用水顺序及水环境保护简述[J]. 水利经济，23(04)：8-9.
戚道孟，1994. 国际环境法概论[M]. 北京：中国环境科学出版社.
漆克昌，1960. 中苏两国科学家共同工作在黑龙江上[J]. 科学通报，11(3)：66-67.
任东明，张庆分，2011. 藏东南水电能源基地开发面临的重大问题[J]. 电网与清洁能源，27(3)：3-7.
三木本健治，1983. 国际水法的回顾与展望[J]. 滕儒晶，崔浩明，译. 人民长江，28(2)：79-81.
申泽亮，2013. 外交途径对解决国际河流争端的作用[J]. 法制与社会，22(26)：154-155.
沈满洪，2005. 水权交易与政府创新——以东阳义乌水权交易案为例[J]. 管理世界，21(6)：45-56.
盛蕾，2009. 国家主权层次理论的适用性[D]. 北京：外交学院.
盛愉，1986. 现代国际水法的理论与实践[J]. 中国法学，3(2)：56-62.
盛愉，周岗，1987. 现代国际水法概论[M]. 北京：法律出版社.
世界银行，2016. 环境统计指标[EB/OL]. http：//zh. actualitix. com/zh-statistics-environment. Php[2016-09-02].
舒美华，杜阳，2004. 从民法上的所有权反思国际法上的主权[J]. 广西政法管理干部学院学报，19(5)：85-88.
水利部，2016. 水利部关于印发《水权交易管理暂行办法》的通知[EB/OL].http：//www. gov. cn/zhengce/2016-05/22/content_5075679. htm[2018-09-07].
水文局站网处，1965. 关于“水文年鉴审编刊印暂行规范”的说明[J]. 水利水电技术(水文副刊)，10(2)：37-45.
苏青，施国庆，祝瑞祥，2001. 水权研究综述[J]. 水利经济，19(07)：3-11.
汤奇成，李丽娟，1999. 西北地区主要国际河流水资源特征与可持续发展[J]. 地理学报，54(增刊)：21-28.
唐霞，张志强，王金平，等，2013. 基于文献计量的国际河流水资源研究发展态势[J]. 水资源与水工程学报，24(2)：124-128.
陶蕾，2010. 国际河流水权概念辨析[J]. 水利经济，28(6)：27-29.
特瓦里 D D，孔祥林，刘忆瑛，2006. 南非水权发展历程[J]. 水利水电快报，27(22)：1-6.
田贵良，丁月梅，2016. 水资源权属管理改革形势下水权确权登记制度研究[J]. 中国人口·资源与环境，26(11)：90-97.
外交部，2017. 变革我们的世界：2030 年可持续发展议程. http：//www. fmprc. gov. cn/web/ziliao_674904/zt_674979/dnzt_674981/qtzt/2030kcxfzyc_686343/t1331382. shtml[2017-12-21].
汪梦，2007. 国际环境法与国家主权理论的发展[D]. 南京：河海大学.
汪恕诚，2000. 水权与水市场——谈实现水资源优化配置的经济手段[J]. 中国水利，51(11)：5-8.
王海忠，1996. 全球可持续发展与国际合作[J]. 中国人口资源与环境，6(1)：55-59.
王浩，贾科华，2014-09-22. 水权制度建设难以一蹴而就[N]. 中国能源报，第 22 版.
王姣妍，路京选，2009. 伊犁河流域水资源开发利用的水文及生态效应分析[J]. 自然资源学报，24(7)：1297-1307.
王俊峰，胡烨，2011. 中哈跨界水资源争端：缘起、进展与中国对策[J]. 新疆大学学报(哲学·人文社会科学版)，39(5)：99-102.
王铁崖，1980. 国际法的动向[J]. 北京大学学报(哲学社会科学版)，26(2)：17-27.

王铁崖，1993. 国际法[M]. 北京：法律出版社.

王伟，2009. 浅析克鲁伦河汛期断流的原因[J]. 内蒙古水利，29(1)：35-37.

王小军，陈吉宁，2010. 美国先占优先权制度研究[J]. 清华法学，04(3)：43-61.

王晓娟，李晶，陈金木，等. 2016. 健全水资源资产产权制度的思考[J]. 水利经济，34(1)：19-22.

王晓圆，贺永华，2013. 跨界污染难题凸显[J]. 浙江人大，13(7)：22-23.

王亚华，胡鞍钢，2001. 水权制度的重大创新——利用制度变迁理论对东阳-义乌水权交易的考察[J]. 水利发展研究，1(01)：5-8.

王艺，2008. 国际河流纠纷的国家责任问题[J]. 特区经济，26(3)：90-91.

王幼英，1999. 主权的基本内涵[J]. 社会科学战线，22(4)：252-253.

王玉明，2011. 广东跨政区环境合作治理的组织创新与信息保障[J]. 南方论刊，23(10)：52-55.

吴淼，张小云，王丽贤，等，2011，吉尔吉斯斯坦水资源及其利用研究[J]. 干旱区研究，28(3)：455-462.

肖国兴，2004. 论中国水权交易及其制度变迁[J]. 管理世界，20(4)：51-60.

谢永刚，王建丽，潘娟，2013. 中俄跨境水污染灾害及区域减灾合作机制探讨[J]. 东北亚论坛，22(4)：82-92.

新华社，2011. 国民经济和社会发展第十二个五年规划纲要（全文）[EB/OL].http：//www. gov.cn/2011lh/content_1825838_7. htm[2017-09-07].

新疆水资源软科学课题研究组，1989. 新疆水资源及其承载能力和开发战略对策[J]. 水利水电技术，16(6)：2-9.

邢福俊，2001. 论水权改革与城市经济发展[J]. 财经理论与实践，22(3)：23-26.

邢鸿飞，2008. 论作为财产权的水权[J]. 河北法学，26 (2)：99-102.

邢鸿飞，王志坚，2010. 国际河流安全问题浅析[J]. 水利发展研究，10(2)：27-29.

须恺，1956. 中国的灌溉事业[J]. 中国水利，6(10)：5-18.

徐旌，陈丽晖，2005a. 大型水电站建设的环境影响及生态修复——以云南漫湾水电站为例[J]. 云南环境科学，24(4)：14-18.

徐旌，陈丽晖，付保红，2005b. 澜沧江水电开发移民与生态补偿——以云南漫湾水电站为例[J]. 贵州财经大学学报，23(4)：15-17.

杨成，2003. 利益边疆：国家主权的发展性内涵[J]. 现代国际关系，23(11)：17-22.

杨翠柏，陈宇，2013. 印度水资源法律制度探析[J]. 南亚研究季刊，29(2)：87-92.

杨练，2013. 关于我国国际河流开发中利益冲突的探讨——以对澜沧江-湄公河的开发为例[J]. 法制与社会，22(19)：72-74.

杨攀科，2007. 红河州国际跨界河流水情自动测报系统设计[J]. 水利信息化，25(2)：12-15.

杨恕，沈晓晨，2009. 解决国际河流水资源分配问题的国际法基础[J]. 兰州大学学报(社会科学版)，37(4)：8-15.

杨晓萍，2012. 超越“稀缺—冲突”视角：中印崛起背景下跨境水资源问题[J]. 国际论坛，14(4)：37-43.

杨志峰，崔保山，刘静玲，等，2003. 生态环境需水量：理论、方法与实践[M]. 北京：科学出版社.

叶鹏飞，潘志林，2009. 跨界河流水体污染应急管理系统的初步研究[J]. 环境，27(Z2)：9.

伊万钦科 H C，1980. 保护人类环境的国际法原则的形成[J]. 王长国，译. 国外法学，3(1)：38-42.

游晓晖，张树兴，2013. 论我国国际河流可持续利用与保护的法律对策[J]. 法制与社会，22(2)：249-250.

余向勇，吴舜泽，张宝杰，等. 2011. 跨界地区环境风险识别初探[J]. 环境科学与管理，36(5)：169-172.

俞超锋，许月萍，林盛吉，2010. 水资源综合管理研究进展[J]. 人民黄河，32(12)：12-15.

俞正梁，2000. 国家主权的层次理论[J]. 太平洋学报，7(4)：13-16.

袁弘任，吴国平，洪一平，等. 2002. 水资源保护及其立法[M]. 北京：中国水利水电出版社.

曾海鳌，吴敬禄，刘文，等，2013. 哈萨克斯坦东部水体氢、氧同位素和水化学特征[J]. 干旱区地理，36(4)：1213-1225.

曾令锋，2003. 广西跨境河流防洪减灾与流域可持续发展[J]. 广西师范学院学报(自然科学版)，20 (S1)：10-13.

詹宁斯，瓦茨，1998. 奥本海国际法[M]. 王铁崖，李适时，汤宗舜，等，译. 北京：中国大百科全书出版社.

张健荣，2007. 由新疆国际河流水利开发引发的思考[J]. 社会观察，6(11)：17-18.

张军旗，2005. 主权让渡的法律涵义三辨[J]. 现代法学，27(1)：98-102.

张立中，2006. 水资源管理[M]. 北京：中央广播电视大学出版社.

张明龙，2002. 论所有权与产权的区别[J]. 经济评论，23(3)：25-27.

张晓京，2010. 《国际水道非航行使用法公约》争端解决条款评析[J]. 求索，31(12)：155-157.

张晓燕，2009. 对水资源权属制度的理论探讨[J]. 法制与社会，18(5)：65-65.

赵宝璋，1994. 水资源管理[M]. 北京：水利电力出版社.

郑占军，弓文亭，2006. 从国际环境法看中俄跨界水污染的解决模式[J]. 中国环境管理丛书，25(2)：1-2.

支容，1958. 合作光辉闪耀在多瑙河上[J]. 世界知识，25(20)：25-26.

中华人民共和国水利部，2015. 政策法规[EB/OL]. http：//www. mwr. gov. cn/zw/zcfg/zcjd/[2017-09-06].

钟华平，王建生，杜朝阳，2011. 印度水资源及其开发利用情况分析[J]. 南水北调与水利科技，9(1)：151-155.

周成虎，1992. 谈国际河流的梯级开发[J]. 遥感信息，7(3)：26.

周德成，罗格平，许文强，等. 2010. 1960—2008 年阿克苏河流域生态系统服务价值动态[J]. 应用生态学报，21(2)：399-408.

周杰清，2005. 界河及跨界河流水力资源分摊及开发方式探讨[J]. 水电站设计，21(3)：53-55.

周林彬，李胜兰，2001. 试论我国所有权主体制度改革与创新[J]. 云南大学学报(法学版)，14(3)：81-88.

周勤，2013. 美国跨州流域事务治理经验及启示[J]. 水利发展研究，13(4)：71-75.

朱成章，1957. 云南省的水力资源[J]. 水力发电，4(6)：41-42.

朱德祥，1993. 国际河流研究的意义与发展[J]. 地理研究，12(4)：85-95.

朱刚强，2009. 乌拉圭河纸浆厂案简析[J]. 拉丁美洲研究，31(4)：63-69.

邹克渊，1995. 第一讲　国家领土和内水[J]. 海洋开发与管理，12(3)：80-83.

左其亭，2009. 和谐论的数学描述方法及应用[J]. 南水北调与水利科技，7(4)：129-133.

Appletons'annual cyclopaedia and register of important events，1892. Anglo-Portuguese agreement，31：106-107.

Actualitix，2016. Environmental statistical indicators [DS/OL]. http://zh.actualitix.com/zh-find-rankings.php [2016-01-10].

American Society of International Law，1992. United Nations：convention on the protection and use of transboundary watercourses and International Lakes[J]. International Legal Materials，31(6)：1312-1329.

Anon, 1884. The progress of the West Africa conference[J]. The Economist, 15(71): 506.

Arcari M, 1997. The Codification of the Law of International Watercourses: the draft articles adopted by the International Law Commission[OL]. http: //dadun. unav. edu/bitstream/10171/21504/1/ADI_XIII_1997_01. pdf [2018-2-28].

Bakker K, 2010. The "commons" versus the "commodity": alter - globalization, anti - privatization and the human right to water in the global south[J]. Antipode, 39 (3): 430-455.

Bartelson J, 2006. The concept of sovereignty revisited[J]. The European Journal of International Law, 17(2): 463-474. DOI: 10. 1093/ejil/chl006.

Vitányi B, 1975. The regime of navigation on international waterways Part II: the territorial scope of the regime of free navigation[J]. Netherlands Yearbook of International Law, 6(1): 2-58.

Blumstein S, Schmeier S, 2017. Disputes over international watercourses: can river basin organizations make a difference: a multidisciplinary approach[R]. //Dinar A, Tsur Y. Management of Transboundary Water Resources under Scarcity :191-236. DOI: 10. 1142/9789814740050_0007.

Brown R M, 1932. Review: International River[J]. Geographical Review, 22(3): 526-527.

Cameron H L, 1890. Portuguese claims in Africa[J]. Foreign Literature Studies, 51: 324-329.

Chamberlain, 1923. The regime of the international rivers: Danube and Rhine[J]. Studies in History, Economic and Public Law, 105(1): 317.

Caponera D, 1992. Principles of water law and administration: national and International[Z]. Rotterdam: A. A. Balkema.

Christine Drake, 1999. 中东的水资源冲突[J]. 杨凯，徐启新，译. 世界环境，17(2): 16-19.

Cohen M R, 1927. Property and Sovereignty[J]. Cornell Law Review, 13 (1): 8-32.

Comair G F, McKinney D C, Siegel D, 2012. Hydrology of the Jordan River Basin: watershed delineation, precipitation and evapotranspiration[J]. Water Resource Management, 26(14): 4281-4293. DOI:10. 1007/s11269-012-0144-8.

Courtney W L, 1899. Is it peace? the progress of Anglo-French negotiations[J]. The Fortnightly, 15(71): 506.

Cullet Philippe, 2012. Water use and rights (India) [C]. // Geall S et al. The Berkshire Encyclopedia of Sustainability (Vol. 7): China, India, and East and Southeast Asia: assessing sustainability. Great Barrington: Berkshire Publishing: 393-395.

Davison S, Lautze J, 2016. Transboundary river basin organisations in Africa[J]. Water Policy, 18: 1053-1069. DOI: 10. 2166/wp. 2016. 228.

Dellapenna J W, 2003. The law of international watercourses: non-navigational uses[J]. American Journal of International Law, 97(1): 233-237.

Department of State, 1889. Foreign relations of the United State (Part 2). Washington DC: Department of States, 1254.

Department of State, 1895. Irrigation: water rights – an international question relating to the drawing off of the water of the Rio Grande[J]. The American Law Review, 6(29): 746-747.

Dombrowsky I, Scheumann W, 2016. Governing the water-energy nexus related to hydropower on international rivers: what role for river basin and regional energy organizations[R]. ISEE 2016 conference: Transforming the economy: sustaining food, water, energy and justice (University of the District of Columbia, Washington DC), June 27-29.

Douglas Armour，Edward Betley Brown，Charles Elliott，et al. ，1896. Restraint on alienation[J]. The Canadian Law Times，16：457.

Doyle S，1904. Venezuelan Arbitrations of 1903[Z]. Washington：U. S. Government Printing Office，611.

Eckstein G，2009. Water scarcotu，conflict，and security in a climate change world：challenges and opportunities for international law and policy[J]. Wisconsin International Law Journal，27(3)：409-461.

Economic Commission for Latin America under United Nations Economic and Social Council，1959. Preliminary review of questions relating to the development of international river basins in Latin America. Panama City：Economic Commission for Latin America，1-36.

Environment Agency，2014. Living on the edge：a guide to your rights and responsibilities of riverine ownership[M]. Bristol：Environment Agency.

FAO Legal Office，1980. The Law of International Water Resources（Legislative Study No. 23）[Z]. Roman：Food and Agriculture Organization of the Untied Nations.

FAO Legal Office，1998. Sources of International Water Law（Legislative Study No. 65）[Z]. Roman：Food and Agriculture Organization of the Untied Nations.

FAO，2016. FAOLEX Database：International Agreements-Water. http：//www. fao. org/faolex/collections/en/?search=adv&subj_coll=International%20Agreement[2018-2-28].

Federal Law Gazette，2014. Basic Law for the Federal Republic of Germany[OL]. http：//www. gesetze-im-internet. de/englisch_gg/englisch_gg. html#p0487[2017-08-01].

Fischhendler I，2004. Legal and institutional adaptation to climate uncertainty：a study of international rivers[J]. Water Policy，6(4)：281-302.

Food and Agriculture Organization of the United Nations(FAO)，1978. Systematic Index of International Water Resources Treaties，Declarations，Acts and Cases by Basin（Legislative Study No. 15）[R]. Rome：Food and Agriculture Organization.

Food and Agriculture Organization of the United Nations(FAO)，1984. Systematic Index of International Water Resources Treaties，Declarations，Acts and Cases by Basin Vol II（Legislative Study No. 34）[R]. Rome：Food and Agriculture Organization.

Francois van der Merwe，2004. Water use and water transfers（Part I）[OL].http：//www. sabi. co. za/sabiSasol/Water%20use%20and%20Transfer_Deel1. pdf[2017-09-18].

Gerlak A，Schmeier S，2016. River Basin Organizations and the Governance of Transboundary Watercourses[R]. // Conca，Weinthal The Oxford Handbook of Water Politics and Policy. Oxford：Oxford University Press. DOI：10. 1093/oxfordhb/9780199335084. 013. 20.

Geyl P，1919. Holland and International Rivers[J]. Nature，51(2613)：333.

Giordano M，Drieschova A，Duncan J A，et al. ，2014. A review of the evolution and state of transboundary freshwater treaties[J]. International Environmental Agreements：Politics，Law and Economics，14(3)：245-264.

Gleick P H, Ajami N, Smith J , et al. ，2014. The world' s water Volume 8 : The biennial report on freshwater resources[R].

Washington：Island Press.

Gleick P H，2002. The world's water 2000-2001：The biennial report on freshwater Resources[J]. Electronic Green Journal，1(6724)：210-212.

Goldie D M M，1959. Effect of existing uses on apportionment of international rivers II：a canadian view[J]. Vancouver：University of British Columbia Law Review，399-408.

Grinin L E，2012. New basics of state order or why do states lose their sovereignty in the age of globalization[J]. Journal of Globalization Studies，3(1)：3-38.

Hamner J H，Wolf A T，1998. Patterns in international water resource treaties：the transboundary freshwater dispute database[J]. Colorado Journal of International Environmental Law and Policy，9(5)：157-177.

Hanemann W M，2005. The economic conception of water（working paper）[M]. Berkeley：University of California.

Helal M S，2007. Sharing Blue Gold：The 1997 UN convention on the law of the Non-Navigational uses of international watercourses ten Years on[J]. Colorado Journal of International Environmental Law and Policy，18(2)：337-378.

Henkel M，Schüler F，Carius A et al.，2014. Financial Sustainability of International River Basin Organizations[R]. Eschborn（Germany）：Deutsche Gesellschaft für Internationale Zusammenarbeit（GIZ）GmbH.

Herbert Arthur Smith，1931. The economic uses of international rivers[M]. London：P. S. King & Son，Ltd.

Hirsch A M，1956. From the indus to the Jordan：characteristics of middle East International river disputes[J]. Political Science Quarterly，71(2)：203-222.

Huitema D，Meijerink S，2017. The politics of river basin organizations：institutional design choices，coalitions，and consequences[R]. Ecology and Society，22(2)：42.

Hurd B H，2003. Who owns water? Water rights in the Southwest States. In：Southern Region Water Quality Conference，Ruidoso：New Mexico，October 19-22.

Hyde C C，1910. Notes on rivers and navigation in international law[J]. The American Journal of International Law，4(1)：145-155.

International Court of Justic(ICJ)，1997. Case concerning the Gabcíkovo-Nagymaros Project（Hungary vs Slovakia）Judgement of 25 September 1997[Z]. Hague：ICJ Reports，7：54-78.

International Freshwater Treaties[OL]. http：//www. transboundarywaters. orst. edu/[2016-09-11].

International Network of Basin Organizations（INBO），Global Water Partnership（GWP），UNECE，et al.，2012. The handbook for integrated water resources management in transboundary basins of rivers[M]，lakes and aquifers. Paris：International Network of Basin Organizations，Global Water Partnership.

International River Basin Organization Database，2010[DS/OL]. http：//transboundarywaters. science. oregonstate. edu/content/international-river-basin-organization-rbo-database[2018-04-18].

International Water Law Project，2015. Status of the Watercourses Convention[OL]. http：//www. internationalwaterlaw. org/documents[2016-09-02].

International Water Law Project，2015. Status of the Watercourses Covention[OL]. https：//www. internationalwaterlaw. org/documents/intldocs/watercourse_status. Html[2018-03-19].

International Water Law Project，2016. International Documents[OL]. https：//www. internationalwaterlaw. org/documents/intldocs/[2018-3-11].

John Westlake，1904. International Law（Part 1）[M]. Cambridge：Cambridge University Press.

Laylin J G，Bianchi R L，1959. The Role of Adjudication in International River Disputes：The Lake Lanoux Case[J]. American Journal of International Law，53（1）：30-49.

Lebel L，Grothmann T，Siebenhuner B，2010. The role of social learning in adaptiveness：insights from water management[J]. International Environmental Agreements:Politics Law and Economics，10（4）：333-353.

Lee L F. Sovereignty，Ownership of，and Access to Natural Resources，2005. Environmental Laws and their Enforcement（Vol. II）[OL]. https：//www. eolss. net/Sample-Chapters/C04/E4-21-05. pdf[2018-02-21].

MacDonnell Larry，2004. Water as a commodity[J]. Southwest Hydrology，3（2）：16-18.

Malgosia F，1997. Convention on the law of the non- navigational uses of international watercourses[J]. Leiden Journal of International Law，10（3）：501-508.

Matthews Olen Paul，1984. Water resources，geography and law[M]. Washington DC：Association of American Geographers.

McCaffrey S C，2007. The Law of International Watercourses[M]. Oxford：Oxford University Press.

Nardini A，Goltara A，Chartier B，2008. Water Conflicts：An Unavoidable Challenge from the Transboundary to the Local Dimension. In：Integrated Water Management Practical Experiences and Case Studies（Eds：Meire，et al）[M]. New York：Springer.

Owen McIntyre，2007. Environmental Protection of International Watercourses under International Law[M]. Farnham（UK）：Ashgate Publishing.

Permanent Court of International Justice（PCIJ），1929. Case relating to the Territorial Jurisdiction of the International Commission of the River Oder Leyden（Netherlands）：Collection of Judgments A.W. Sijthoff's Publishing Company.

Gleick P，Ajami N，Heberger M，et al，2014. The World's Water Volume 8：The Biennial Report on Freshwater Resources[M]. Washington：Island Press.

Rieu-Clarke A，2005. International law and sustainable development：lessons from the law of international Watercourses[M]. Dundee：IWA Publishing.

Rieu-Clarke A，Moynihan R，Magsig B O，2012. UN Watercourses Convention：User's Guide[Z]. Dundee（United Kingdom）：IHP-HELP Centre for Water Law，Policy and Science，103.

Smith H A 1931. The economic uses of international rivers[M]. London：P. S. King & Son，Ltd.

Salman，Salman M A，2007a. The Helsinki Rules，the UN Watercourses Convention and the Berlin Rules：perspectives on international water law[J]. Water Resources Development，23（4）：625-640.

Salman，Salman M A，2007b. The United Nations Watercourses Convention ten years later：why has its entry into force proven difficult? [J]. Water International，32（1）：1-15.

Schmeier S，2014. Financing international river basin organizations[R]. Second Workshop "River Basin Commissions and

Other Joint Bodies for Transboundary Water Cooperation：Technical Aspects”（Geneva，Switzerland），April 09-10.

Schmeier S，2015. The institutional design of river basin organizations-empirical findings from around the world[J]. International Journal of River Basin Management，13（1）：51-72.

Stern J，2013. Water rights and water trading in England and Wales[OL]. http：//www. fljs. org/sites/www. fljs. org/files/publications/Stern. pdf[2017-07-25].

Supreme Court of New Brunswick，1897. Reports of Cases Determined by the Supreme Court of New Brunswick：With Tables of the Names of the Cases and Principal Matters[R]，Frederiction（Canada）：Daily Telegraph，32：357-359.

Westlake J,1904. International Law (Part 1). Bangladesh:The University Press.

Taylor P，Lidèn R，Ndirangu W et al. ，2008. Integrated water resources management for river basin organisations[R]. New York：UNDP. https：//www. sswm. info/sites/default/files/reference_attachments/TAYLOR%202008%20et%20al%20CapNet. PDF［2018-8-10］.

Tewari D D，2009. A detailed analysis of evolution of water rights in South Africa：An account of three and a half centuries from 1652 AD to present[J]. Water SA，35（5）：1-19.

Thomas D，2005. Developing Watershed Management Organizations in Pilot Sub-Basins of the Ping River Basin[R]. Chiang Mai（Thailand）： World Agroforestry Centre，143-160.

Treaty of Versailles / Part XII[OL]. https：//en. wikisource. org/wiki/Treaty_of_Versailles/Part_XII[2016-7-20].

UNEP，2014. Governing the water-energy-food nexus：opportunities for basin organisations[R]. Nairobi：UNEP.

UNEP & UNEP-DHI，2015. Transboundary Waters Assessment Programme - River Basins [DS/OL]. http：//twap-rivers. org/indicators[2016-06-04］.

水利部，2012. 中国水资源公报. http：//www. mwr. gov. cn/zwzc/hygb/szygb/index. html［2015-09-25］.

United Nations，1978. Register of International Rivers. Oxford/New York/Toronto/Sydney/Pari/Frankfurt：Pergamon Press.

United Nations，1992. Report of the United Nations conference on environment and development. http：//www. un. org/documents/ga/conf151/aconf15126-1annex1. htm/.

United Nations，1997. Convention on the Law of the Non-Navigational Uses of International Watercourses（36ILM700）. New York：the General Assembly of the United Nations[C].

United Nations，2010. Resolution 64/292：The human right to water and sanitation.

United Nations（UN），2010. Human Rights Council resolution 15/9：Human rights and access to safe drinking water and sanitation.http：//www. right2water. eu/sites/water/files/UNHRC%20Resolution[2017-09-04].

United Nations（UN），2014. Water for Life Decade：transboundary waters. http：//www. un. org/waterforlifedecade/transboundary_waters.

United Nations，2015. 变革我们的世界：2030 年可持续发展议程. https：//sustainabledevelopment. un. org/content/documents/94632030%20Agenda_Revised%20Chinese%20translation. pdf［2017-12-21］.

UN-Water，2014. Transboundary Waters[OL]，http：//www. unwater. org/water-facts/transboundary-waters/[2017-12-03].

Werrell C E，Femia F，2016. Climate change，the erosion of state sovereignty，and world order[J]. Journal of World

Affairs，22 (2)：1-15.

Wodraska J，2006. Water：resource or commodity?[J] Journal of American Water Works Association，98(5)：86-90.

Wolf A T, Natharius J, Danielson J, et al. ，1999. International river basins of the world[J]. International Journal of Water Resources Development，15(4)：387-427.

World Bank Data，2015. World development indicators [DS/OL]. http：//wdi. worldbank. org/table/2. 1[2016-08-10].

Wouters P，Vinogradov S，Magsig B O，2009. Water Security，Hydrosolidarity and International Law：A river runs through It[J]. Yearbook of International Environmental Law 2013，19(1)，97-134.

Zhong Y，Tian F，Hu H，et al. ，2016. Rivers and reciprocity：perceptions and policy on international watercourses[J]. Water Policy，18(4)：803-825.

附　表

表一　国际河流名录

河流	流域国家和地区	流域面积 /10^4km^2	年平均径流 /km^3
阿帕亚费河/Akap Yafi	喀麦隆、尼日利亚	0.24	4.58
Alesek	加拿大、美国	2.82	34.13
阿马库罗河/Amacuro	委内瑞拉、圭亚那	0.37	3.47
亚马孙河/Amazon	巴西、秘鲁、玻利维亚、哥伦比亚、厄瓜多尔、委内瑞拉、圭亚那、苏里南	5888.83	6540.45
黑龙江/阿穆尔河/Amur	俄罗斯、中国、蒙古国、朝鲜	209.27	363.74
An Nahr Al Kabir	叙利亚、黎巴嫩	0.10	0.67
咸海/Aral Sea	哈萨克斯坦、乌兹别克斯坦、吉尔吉斯斯坦、塔吉克斯坦、土库曼斯坦、阿富汗、中国	121.85	126.09
阿蒂博尼特河/Artibonite	海地、多米尼加	0.89	2.72
奥伦特斯河/Asi/Orontes	叙利亚、土耳其、黎巴嫩	2.38	8.99
Astara Chay	伊朗、阿塞拜疆	0.04	
阿特拉克河/Atrak	伊朗、土库曼斯坦	3.64	3.97
阿图伊干河/Atui	毛里塔尼亚、西撒哈拉	8.33	0.61
Aviles	阿根廷、智利	0.03	
阿瓦什河/Awash	埃塞俄比亚、吉布提、索马里	15.23	25.39
Aysen	阿根廷、智利	1.26	14.65
BahuKalat/Rudkhanehye	伊朗、巴基斯坦	2.06	1.62
贝克/Baker	阿根廷、智利	2.69	11.25
Bangau	马来西亚、文莱	0.01	
班恩河/Bann	英国、冰岛	0.57	2.77
拜尔凯河/Baraka	厄立特里亚、苏丹	6.38	2.89
巴里马河/Barima	圭亚那、委内瑞拉	0.09	0.60
巴尔塔河/Barta	拉脱维亚、立陶宛	0.27	1.10
穷奇河/北江/Bei Jiang/HSi	中国、越南	40.11	291.00
北仑河/嘎隆俄河/Beilun	中国、越南	0.08	1.06
伯利兹河/Belize	伯利兹、危地马拉	0.85	5.34

续表

河流	流域国家和地区	流域面积/10^4km^2	年平均径流/km^3
贝尼托河/姆比尼河/Benito/Ntem	赤道几内亚、加蓬、喀麦隆	4.43	71.67
比亚河/Bia	加纳、科特迪瓦	1.13	5.84
比达索阿河/Bidasoa	西班牙、法国	0.07	0.58
布济河/布西河/Buzi	莫桑比克、津巴布韦	2.85	9.49
Ca/Song-Koi	越南、老挝	2.72	20.73
劳卡河/Cancoso/Lauca	玻利维亚、智利	3.29	0.14
坎德拉里亚河 Candelaria	墨西哥、危地马拉	0.16	4.84
奇科河/Carmen Silva/Chico	阿根廷、智利	0.21	0.07
Castletown	英国、冰岛	0.03	
卡塔通博河/Catatumbo	哥伦比亚、委内瑞拉	2.74	19.71
卡瓦利河/Cavally	科特迪瓦、利比里亚、几内亚	2.95	37.61
Cestos	利比里亚、科特迪瓦、几内亚	1.27	18.35
Chamelecon	危地马拉、洪都拉斯	0.44	2.86
Changuinola	巴拿马、哥斯达黎加	0.32	3.96
奇尔卡特河/Chilkat	美国、加拿大	0.40	4.98
Chiloango	刚果(布)、安哥拉、刚果(金)	1.30	4.24
奇拉河/Chira	秘鲁、厄瓜多尔	1.77	3.42
奇里基湖/Chiriqui	巴拿马、哥斯达黎加	0.14	3.45
Choluteca	洪都拉斯、尼加拉瓜	0.80	4.48
丘伊河/Chuy	巴西、乌拉圭	0.07	
Coatan Achute	墨西哥、危地马拉	0.07	
科科河/Coco/Segovia	洪都拉斯、尼加拉瓜	2.45	25.73
科罗拉多河/Colorado	美国、墨西哥	62.61	25.19
哥伦比亚河/Columbia	美国、加拿大	65.33	233.76
Comau	阿根廷、智利	0.09	
刚果河/扎伊尔河/Congo/Zaire	刚果(金)、刚果(金)、中非、安哥拉、赞比亚、坦桑尼亚、喀麦隆、布隆迪、卢旺达、加蓬、马拉维、南苏丹、乌干达、南非	368.89	1478.47
Conventillos	哥斯达黎加、尼加拉瓜	0.001	
库朗特恩河/Corantijn/Courantyne	巴西、圭亚那、苏里南	6.40	45.57
Corredores/Colorado	哥斯达黎加、巴拿马	0.11	1.74
科鲁巴尔河/Corubal	几内亚、几内亚比绍	2.43	17.52
乔鲁赫河/Coruh	土耳其、格鲁吉亚	2.20	13.07
克罗斯河/Cross	尼日利亚、喀麦隆	5.25	83.52

续表

河流	流域国家和地区	流域面积 /10^4km^2	年平均径流 /km^3
卡伦河/Cullen	阿根廷、智利	0.09	0.02
Cuvelai/Etosha	安哥拉、纳米比亚	17.37	7.07
多瑙河/Danube	罗马尼亚、匈牙利、北马其顿、奥地利、德国、保加利亚、波斯尼亚和黑塞哥维那、克罗地亚、乌克兰、捷克、斯洛文尼亚、摩尔多瓦、瑞士、意大利、波兰、阿尔巴尼亚、黑山、塞尔维亚	79.65	221.76
道拉河/Daoura	摩洛哥、阿尔及利亚	4.97	2.73
达什特河/Dasht	巴基斯坦、伊朗	3.10	1.91
道加瓦河/Daugava	白俄罗斯、俄罗斯、拉脱维亚、立陶宛、爱沙尼亚	8.63	22.48
Digul	印度尼西亚、巴布亚新几内亚	2.55	69.42
第聂伯河/Dnieper	乌克兰、白俄罗斯、俄罗斯	51.14	66.65
德涅斯特河/Dniester	乌克兰、摩尔多瓦、波兰	7.34	11.58
顿河/Don	俄罗斯、乌克兰	43.90	45.37
杜罗河/Douro/Duero	西班牙、葡萄牙	9.74	24.11
Dra	摩洛哥、阿尔及利亚	9.42	6.88
Dragonja	克罗地亚、斯洛文尼亚	0.02	0.08
德林河/Drin	黑山、阿尔巴尼亚、塞尔维亚、北马其顿	1.73	15.03
埃布罗河/Ebro	西班牙、法国、安道尔	8.54	19.08
El Naranjo	哥斯达黎加、尼加拉瓜	0.002	
Elancik	俄罗斯、乌克兰	0.14	
易北河/Elbe	德国、捷克、奥地利、波兰	13.89	28.96
厄恩河/Erne	冰岛、英国	0.44	2.87
埃塞库柏河/Essequibo	圭亚那、委内瑞拉、巴西	15.42	156.24
芬河/Fane	冰岛、英国	0.03	0.17
Fenney	印度、孟加拉国	0.30	3.48
费斯河/Firth	加拿大、美国	0.61	0.32
Flurry	英国、冰岛	0.02	0.07
弗莱河/Fly	巴布亚新几内亚、印度尼西亚	6.39	162.82
福伊尔河/Foyle	英国、冰岛	0.29	1.85
费雷泽河/Fraser	加拿大、美国	23.16	124.47
Gallegos-Chico	阿根廷、智利	1.08	3.20
冈比亚河/Gambia	塞内加尔、几内亚、冈比亚	7.22	7.95
恒河-雅鲁藏布江/布普拉马普特拉河-梅格纳河	印度、中国、尼泊尔、孟加拉国、不丹、缅甸	165.24	1420.98

续表

河流	流域国家和地区	流域面积/10^4km^2	年平均径流/km^3
Ganges-Brahmaputra-Meghna			
加伦河/Garonne	法国、西班牙、安道尔	5.62	25.01
Gash	厄立特里亚、苏丹、埃塞俄比亚	2.37	3.35
高加河/Gauja	拉脱维亚、爱沙尼亚	0.92	3.57
热巴河/Geba	几内亚比绍、塞内加尔、几内亚	1.23	6.91
Glama	挪威、瑞典	4.14	23.50
Goascoran	洪都拉斯、萨尔瓦多	0.27	1.19
Golok	泰国、马来西亚	0.23	3.03
大斯卡西斯河/Great Scarcies	几内亚、塞拉利昂	0.78	13.37
格里哈尔瓦河/Grijalva	墨西哥、危地马拉、伯利兹	12.57	127.11
瓜的亚纳河/Guadiana	西班牙、葡萄牙	6.71	11.08
吉尔干河/Guir	阿尔及利亚、摩洛哥	10.87	3.69
Hamun-i-Mashkel/Rakshan	阿富汗、伊朗、巴基斯坦	11.65	53.00
汉江/Han	朝鲜、韩国	3.34	19.74
Har Us Nur	蒙古国、俄罗斯、中国	18.70	4.09
哈里河/Hari/Harirud	阿富汗、伊朗、土库曼斯坦	11.91	8.87
赫尔曼德河/Helmand	阿富汗、伊朗、巴基斯坦	40.30	31.83
翁多河/Hondo	墨西哥、危地马拉、伯利兹	1.27	3.10
伊犁河 Ili/Kunes He	哈萨克斯坦、中国、吉尔吉斯斯坦	41.50	22.71
因科马蒂河/Incomati	南非、莫桑比克、斯威士兰	4.66	4.96
森格藏布/狮泉河印度河/Indus	阿富汗、巴基斯坦、印度、中国、尼泊尔	85.59	176.38
独龙江/伊洛瓦底江/Irrawaddy	缅甸、中国、印度	37.55	551.76
伊松佐河/Isonzo	斯洛文尼亚、意大利	0.34	3.55
Jacobs	挪威、俄罗斯	0.09	0.23
Jayapura	印度尼西亚、巴布亚新几内亚	0.53	3.88
叶尼塞河/Jenisej/Yenisey	俄罗斯、蒙古国	250.46	630.67
约旦河/Jordan	约旦、以色列、叙利亚、巴勒斯坦、埃及、黎巴嫩	4.50	5.28
朱巴河/Juba-Shibeli	埃塞俄比亚、索马里、肯尼亚	79.24	58.94
Jurado	哥伦比亚、巴拿马	0.09	2.29
加拉丹河/Kaladan	缅甸、印度、孟加拉国	2.14	46.27
卡纳普里河/Karnaphuli	缅甸、印度、孟加拉国	1.39	22.44
Kemi	芬兰、俄罗斯、挪威	5.39	18.13
克拉尔河/Klaralven	瑞典、挪威	5.01	20.57

续表

河流	流域国家和地区	流域面积/10^4km^2	年平均径流/km^3
科吉利尼克河/Kogilnik	摩尔多瓦、乌克兰	0.40	0.52
科莫埃河/Komoe	科特迪瓦、布基纳法索、加纳、马里	8.34	19.21
Kowl-E-Namaksar	伊朗、阿富汗	4.23	1.89
克尔卡河/Krka	克罗地亚、波斯尼亚和黑塞哥维那	0.25	1.86
库内纳河/Kunene	安哥拉、纳米比亚	10.86	11.63
库纳河/Kura-Araks	阿塞拜疆、格鲁吉亚、伊朗、亚美尼亚、土耳其、俄罗斯	19.00	25.28
乍得湖/ Lake Chad	乍得、尼日尔、中非、尼日利亚、安哥拉、苏丹、喀麦隆、利比亚	259.69	191.79
法尼亚诺湖/Lake Fagnano	阿根廷、智利	0.36	0.93
纳特龙湖/Lake Natron	坦桑尼亚、肯尼亚	2.73	2.59
普雷斯帕湖/Lake Prespa	北马其顿、阿尔巴尼亚、希腊	0.75	4.51
的的喀喀湖/ Lake Titicaca-Poopo	玻利维亚、秘鲁、智利	11.22	17.05
图尔卡纳湖/卢多尔夫湖/Lake Turkana	埃塞俄比亚、肯尼亚、乌干达、南苏丹	17.31	63.83
乌布苏湖/Lake Ubsa-Nur	蒙古国、俄罗斯	7.03	1.75
米林湖/Lagoon Mirim	乌拉圭、巴西	5.62	31.45
拉普拉塔河/La Plata	巴西、阿根廷、巴拉圭、玻利维亚、乌拉圭	292.69	1007.80
Lava-Pregel	俄罗斯、波兰、立陶宛	1.45	4.82
伦帕河/Lempa	萨尔瓦多、洪都拉斯、危地马拉	1.82	10.75
利耶卢佩河/Lielupe	立陶宛、拉脱维亚	1.77	5.07
利马河/Lima	西班牙、葡萄牙	0.25	2.16
林波波河/Limpopo	南非、莫桑比克、博茨瓦纳、津巴布韦	40.65	19.20
小斯卡西斯河/Little Scarcies	塞拉利昂、几内亚	1.86	30.52
Loes	印度尼西亚、东帝汶	0.26	0.73
Loffa	利比里亚、几内亚	1.04	18.63
Lotagipi Swamp	肯尼亚、南苏丹、埃塞俄比亚、乌干达	3.18	1.64
Lough Melvin	冰岛、英国	0.03	0.25
马河/Ma	越南、老挝	2.95	22.51
Mana-Morro	利比里亚、几内亚、塞拉利昂	0.76	11.22
马普托河/Maputo	南非、斯威士兰、莫桑比克	3.02	3.50
马里查河/Maritsa	保加利亚、土耳其、希腊	5.26	11.97
Maro	印度尼西亚、巴布亚新几内亚	0.33	3.67
马罗尼河/Maroni	苏里南、法属圭亚那、巴西	6.61	57.27

续表

河流	流域国家和地区	流域面积/10^4km^2	年平均径流/km^3
马萨克/Massacre	海地、多米尼加	0.08	0.02
马塔赫河/Mataje	厄瓜多尔、哥伦比亚	0.10	0.90
姆贝河/Mbe	加蓬、赤道几内亚	0.71	19.45
迈杰尔达河/Medjerda	突尼斯、阿尔及利亚	2.32	2.46
澜沧江-湄公河/Lamcang-Mekong	老挝、泰国、中国、柬埔寨、越南、缅甸	77.32	500.39
马老奇河/Merauke	印度尼西亚、巴布亚新几内亚	0.65	
米尼奥河/Mino/Minho	西班牙、葡萄牙	1.67	12.59
米拉河/Mira	哥伦比亚、厄瓜多尔	1.05	10.82
密西西比河/Mississippi	美国、加拿大	320.82	709.76
米乌斯河/Mius	乌克兰、俄罗斯	0.71	1.22
莫阿河/Moa	塞拉利昂、几内亚、利比里亚	1.96	32.94
Moho	伯利兹、危地马拉	0.12	2.22
莫诺河 Mono	多哥、贝宁	2.40	7.87
Motaqua	危地马拉、洪都拉斯	1.63	13.60
Muhuri/aka Little Feni	孟加拉国、印度	0.38	5.00
穆尔加布河/Murgab	阿富汗、土库曼斯坦	9.33	8.65
莫诺河/Naatamo	挪威、芬兰	0.07	
Nahr El Kebir	叙利亚、土耳其、黎巴嫩	0.16	
纳尔瓦河/Narva	俄罗斯、爱沙尼亚、拉脱维亚、白俄罗斯	5.65	14.98
内罗格河/Negro	洪都拉斯、尼加拉瓜	0.62	5.57
纳尔逊河/Nelson-Saskatchewan	加拿大、美国	108.88	101.67
涅曼河/Neman	白俄罗斯、俄罗斯、拉脱维亚、立陶宛、波兰	9.29	20.74
内雷特瓦河/Neretva	波斯尼亚和黑塞哥维那、克罗地亚	0.68	7.13
奈斯托斯河/Nestos	希腊、保加利亚	0.59	1.76
尼日尔河/Niger	尼日利亚、马里、尼日尔、阿尔及利亚、几内亚、喀麦隆、布基纳法索、贝宁、科特迪瓦、乍得、塞拉利昂	211.15	335.42
尼罗河/Nile	苏丹、南苏丹、埃塞俄比亚、埃及、乌干达、坦桑尼亚、肯尼亚、刚果(金)、卢旺达、厄立特里亚、	293.27	
尼亚萨河/Nyanga	加蓬、刚果(布)	2.50	32.32
鄂毕河/Ob	俄罗斯、哈萨克斯坦、中国、蒙古国	304.25	499.00
奥得河/Oder/Odra	波兰、捷克、德国、斯洛伐克	11.92	21.00
奥果韦河/Ogooue	加蓬、刚果(布)、喀麦隆、赤道几内亚	21.43	310.05

续表

河流	流域国家和地区	流域面积 /10^4km^2	年平均径流 /km^3
Oiapoque/Oyupock	巴西、法属圭亚那	2.60	36.20
奥卡万戈河/Okavango	博茨瓦纳、纳米比亚、安哥拉、津巴布韦	69.02	37.21
奥兰加湖/Olanga	俄罗斯、芬兰	4.18	12.65
乌拉尔河/Oral/Ural	哈萨克斯坦、俄罗斯	21.17	10.38
奥兰治河/Orange	南非、纳米比亚、博茨瓦纳、莱索托	96.56	26.56
奥里诺科河/Orinoco	委内瑞拉、哥伦比亚、巴西、圭亚那	93.43	1105.46
Oued Bon Naima	摩洛哥、阿尔及利亚	0.04	
韦梅河/Oueme	贝宁、尼日利亚、多哥	5.95	20.24
奥卢河/Oulu	芬兰、俄罗斯	2.60	9.04
Pakchan	泰国、缅甸	0.32	6.55
帕莱纳河/Palena	智利、阿根廷	1.32	30.20
Pandaruan	文莱、马来西亚	0.12	2.39
Pangani	肯尼亚、坦桑尼亚	4.03	5.53
Parnu	爱沙尼亚、拉脱维亚	0.69	2.81
帕斯夸河/Pascua	智利、阿根廷	1.41	4.51
帕斯维克河/Pasvik	芬兰、俄罗斯、挪威	1.80	6.57
帕蒂亚河/Patia	哥伦比亚、厄瓜多尔	2.23	25.27
帕斯河/Paz	危地马拉、萨尔瓦多	0.22	1.87
Pedernales	海地、多米尼加	0.03	
波河/Po	意大利、瑞士、法国	7.25	48.95
Prohladnaja	俄罗斯、波兰	0.18	0.62
Psou	格鲁吉亚、俄罗斯	0.04	0.58
普埃洛/Puelo	阿根廷、智利	0.92	9.52
Pu-Lun-To	中国、蒙古国	4.87	1.34
Pungwe	莫桑比克、津巴布韦	3.09	20.44
元江/红河/Red/Song Hong	中国、越南、老挝	13.99	107.18
雷兹瓦亚河/Rezvaya	土耳其、保加利亚	0.08	
莱茵河/Rhine	德国、瑞士、法国、荷兰、比利时、卢森堡、奥地利、列支敦士登、意大利	16.36	74.97
隆河/Rhone	法国、瑞士、意大利	9.69	52.34
格兰德河/Rio Grande(北美)	美国、墨西哥	55.84	12.11
格兰德河/Rio Grande (南美)	智利、阿根廷	0.86	1.17
Rioa	法国、意大利	0.07	0.44
鲁伍马河/Ruvuma	莫桑比克、坦桑尼亚、马拉维	15.50	55.94

续表

河流	流域国家和地区	流域面积 /10^4km^2	年平均径流 /km^3
萨比河/Sabi	莫桑比克、津巴布韦	10.23	13.80
西贡河/Saigon/ Song Nha Be	越南、柬埔寨	2.96	34.32
Salaca	拉脱维亚、爱沙尼亚	0.36	1.36
怒江/萨尔温江/Salween	中国、缅甸、泰国	26.54	175.70
萨莫尔河/Samur	俄罗斯、阿塞拜疆	0.68	1.96
圣胡安河/San Juan	尼加拉瓜、哥斯达黎加	4.14	50.18
圣马丁河/San Martin	智利、阿根廷	0.04	0.01
Sanaga	喀麦隆、中非、尼日利亚	13.30	86.15
瑟拉塔河/Sarata	乌克兰、摩尔多瓦	0.12	0.13
Sarstun	危地马拉、伯利兹	0.22	
萨桑德拉河/Sassandra	科特迪瓦、几内亚	6.81	30.87
斯凯尔特河/Schelde	法国、比利时、荷兰	1.91	7.52
Sebuku	印度尼西亚、马来西亚	0.31	3.26
塞纳河/Seine	法国、比利时	7.35	20.71
森巴孔河/Sembakung	印度尼西亚、马来西亚	1.03	13.60
塞内加尔河/Senegal	毛里塔尼亚、马里、塞内加尔、几内亚	44.84	40.44
Seno Union/ Serrano	智利、阿根廷	0.86	3.96
塞匹克河/Sepik	巴布亚新几内亚、印度尼西亚	7.98	144.06
Shu/Chu	哈萨克斯坦、吉尔吉斯斯坦	7.55	4.68
Sixaola	哥斯达黎加、巴拿马	0.29	4.63
Skagit	加拿大、美国	0.82	10.49
Song Vam Co Dong	越南、柬埔寨	1.55	8.77
圣克鲁瓦/St. Croix	美国、加拿大	0.39	2.39
圣约翰河/St. John(北美)	美国、加拿大	5.51	35.09
圣约翰河/St. John(非洲)	利比里亚、几内亚、科特迪瓦	1.62	27.27
圣劳伦斯河/St.Lawrence	加拿大、美国	105.73	517.70
圣保罗河/St.Paul	利比里亚、几内亚	2.03	35.51
斯提肯河/Stikine	加拿大、美国	5.09	44.46
斯特鲁马河/Struma	保加利亚、希腊、北马其顿、塞尔维亚	1.68	3.71
Suchiate	危地马拉、墨西哥	0.14	2.07
绥芬河/Sujfun	中国、俄罗斯	1.68	2.46
苏拉克河/Sulak	俄罗斯、格鲁吉亚、阿塞拜疆	1.41	3.27
塔夫纳河/Tafna	阿尔及利亚、摩洛哥	0.73	0.30
塔霍河/Tagus/Tejo	西班牙、葡萄牙	7.12	19.30

续表

河流	流域国家和地区	流域面积 /10^4km^2	年平均径流 /km^3
塔库河/Taku	加拿大、美国	1.75	11.70
Talas	哈萨克斯坦、吉尔吉斯斯坦、乌兹别克斯坦	4.54	6.01
Tami	印度尼西亚、巴布亚新几内亚	7.87	141.72
塔纳湖/Tana	挪威、芬兰	1.69	5.80
塔诺河/Tano	加纳、科特迪瓦	1.68	6.76
塔里木河/Tarim	中国、吉尔吉斯斯坦、巴基斯坦、土库曼斯坦、乌兹别克斯坦、塔吉克斯坦、哈萨克斯坦、阿富汗	109.77	13.30
Temash	伯利兹、危地马拉	0.05	0.75
捷列克河/Terek	俄罗斯、格鲁吉亚	4.30	15.63
Thukela	莱索托、南非	2.91	4.36
底格里斯河-幼发拉底河/阿拉伯河/Tigris-Euphrates/Shatt al Arab	伊拉克、土耳其、伊朗、叙利亚、约旦、沙特阿拉伯	86.81	147.67
提华纳河/Tijuana	墨西哥、美国	0.44	0.41
Tjeroaka-Wanggoe	印度尼西亚、巴布亚新几内亚	0.80	7.76
托尔尼奥河/Torne/Tornealven	瑞典、芬兰、挪威	4.08	17.11
图洛马河/Tuloma	俄罗斯、芬兰	2.70	10.73
Tumbes	厄瓜多尔、秘鲁	0.54	1.29
图们江/Tumen	中国、朝鲜、俄罗斯	3.32	6.09
温巴河/Umba	坦桑尼亚、肯尼亚	0.67	0.75
Umbeluzi	斯威士兰、莫桑比克、南非	0.55	1.57
乌坦博尼河/Utamboni	加蓬、赤道几内亚	0.74	20.54
Valdivia	智利、阿根廷	1.02	14.11
Vanimo-Green	印度尼西亚、巴布亚新几内亚	0.27	2.30
瓦达河/Vardar	北马其顿、塞尔维亚、希腊、保加利亚	2.46	7.44
Valaka	保加利亚、土耳其	0.11	0.22
文塔河/Venta	拉脱维亚、立陶宛	1.19	4.66
维约瑟河/Vijose	阿尔巴尼亚、希腊	0.68	4.75
维斯瓦河/Vistula/Wista	波兰、乌克兰、白俄罗斯、斯洛伐克、捷克	19.20	34.61
伏尔加河/Volga	俄罗斯、哈萨克斯坦	141.17	274.16
沃尔特河/Volta	布基纳法索、加纳、多哥、马里、贝宁、科特迪瓦	41.10	73.67
武奥克萨河/Vuoksa	芬兰、俄罗斯、白俄罗斯	28.71	87.40
Wadi Al Izziyah	黎巴嫩、以色列	0.02	0.05

续表

河流	流域国家和地区	流域面积/10^4km^2	年平均径流/km^3
怀廷河/Whiting	加拿大、美国	0.25	5.47
Wiedau	德国、丹麦	0.14	0.66
鸭绿江/Yalu	朝鲜、中国	6.23	23.74
雅基河/Yaqui	墨西哥、美国	7.29	3.59
耶尔乔河/Yelcho	阿根廷、智利	1.14	14.22
Yser	法国、比利时	0.16	0.63
育空河/Yukon	美国、加拿大	83.82	204.00
赞比西河/Zambezi	赞比亚、安哥拉、津巴布韦、莫桑比克、马拉维、坦桑尼亚、博茨瓦纳、纳米比亚、刚果(金)	137.32	226.95
Zapaleri	智利、阿根廷、玻利维亚	0.25	0.02
Zarumilla	厄瓜多尔、秘鲁	0.16	0.48

数据来源：UNEP & UNEP-DHI. 2015。

表二 国际河流流域机构列表(1890—2007年)

机构名称	时间	成员国(组织)	涉及河流	合作目标
国际水与边界委员会	1889	墨西哥、美国	科罗拉多河，密西西比河，格兰德河，提华纳河，雅基河/Yaqui	水分配；大坝管理与保护；水量管理与调节；洪水防治；边境地区水质与卫生问题；维持边界河流状态；划界
国际联合委员会(IJC)	1909	加拿大、美国	Alsek，Chilkat，哥伦比亚河，Nelson-Saskatchewan，圣克鲁瓦河，圣劳伦斯河，Stikine，Taku，Whiting，育空河	水质监测/水污染、环境保护、水电开发、水量管理、利益共享和洪水管理
圣克鲁瓦河国际理事会	1915	加拿大、美国	圣克鲁瓦河	协助防止和解决边界水纠纷，监测生态健康，保证4个大坝运行
大湖委员会	1955	加拿大、美国	圣劳伦斯河	综合管理，交通与经济发展；数据与信息管理；环境保护
大湖渔业委员会	1955	加拿大、美国	圣劳伦斯河	协调渔业资源研究；控制物种入侵；促进渔业管理合作
太平洋鲑鱼委员会	1985	加拿大、美国	Alsek，Chilkat，Firth，Stikine，Taku	渔业管理
尼罗河永久联合技术委员会	1959	埃及、苏丹	尼罗河	项目实施框架与相关研究，项目实施监督(基础设施、灌溉和水量控制)
乍得湖流域委员会	1964	喀麦隆、中非、乍得、利比亚、尼日尔、尼日利亚	乍得湖	地下水，灌溉，扶贫，可持续和公平方式管理流域自然资源和水资源，保护与保存流域生态系统，区域和平与安全

续表

机构名称	时间	成员国(组织)	涉及河流	合作目标
区域综合开发管理局	1970	布基纳法索、马里、尼日尔	尼日尔河、伏尔特湖	农业与粮食安全，环境保护，渔业，水电，干旱管理，饮用水，工业与矿业开发，社会政策
喀格拉河流域开发与管理机构	1977	布隆迪、卢旺达、坦桑尼亚、乌干达	喀格拉河	水与水电开发、产业发展、矿产开发、供水、农业发展、林业、土地开发、野生生物保护、疾病控制、交通与通信、贸易、旅游、环境保护
冈比亚河开发组织	1978	冈比亚、几内亚、塞内加尔	科鲁巴尔河、冈比亚河、热巴河	促进和协调流域开发研究与工程；项目技术与资金支持
尼日尔河流域管理局	1980	阿尔及利亚、贝宁、布基纳法索、喀麦隆、乍得、几内亚、科特迪瓦、马里、尼日尔、尼日利亚、塞拉利昂	尼日尔河	流域综合发展；管理流域资源；流域整体开发规划；航行管理；方案制定和项目资金保证；防洪抗旱；人类健康
三方永久持续委员会	1983	莫桑比克、南非、斯威士兰	因科马蒂河、马普托河、Umbeluzi	控制水污染，保护水和生态系统，防止和控制跨境影响，协调规划和措施，增强水利设施安全、防止突发事件、监测和减轻洪水与干旱的影响，能力建设
联合永久技术委员会	1983	博茨瓦纳、南非	林波波河	流域研究、数据与信息交流
林波波河流域永久技术委员会	1986	博茨瓦纳、莫桑比克、南非、津巴布韦	林波波河	流域水资源开发研究、综合管理规划
莱索托高地水委员会	1986	莱索托、南非	桔河/奥兰治河	莱索托水力发电；社会经济发展；灌溉供水和饮用水供水
赞比西河管理局	1987	赞比亚、津巴布韦	赞比西河	水电管理
合作联合委员会	1990	尼日尔、尼日利亚	尼日尔河	水资源公平开发、保护和利用管理
Chobe-Linyanti支流流域联合永久水资源委员会	1990	安哥拉、博茨瓦纳	奥卡万戈河	水利设施建设，灌溉、水分配，水资源管理
科马蒂河流域水管理局	1992	南非、斯威士兰	因科马蒂河、马普托河	水电管理与运行
桔河下游流域永久性水委员会	1992	纳米比亚、南非	桔河/奥兰治河	下游开发规划，关注水资源开发和利用中的共同利益
联合水资源委员会	1992	南非、斯威士兰	因科马蒂河	减缓短期水短缺措施，建设与维护水利设施，联合开发水资源、分配标准，防止污染，防止水土流失
联合灌溉管理局	1992	纳米比亚、南非	桔河/奥兰治河	灌溉
维多利亚湖渔业组织	1994	肯尼亚、坦桑尼亚、乌干达	维多利亚湖(尼罗河流域)	渔业，包括水资源利用、能力建设、水环境恶化、物种入侵、数据管理

续表

机构名称	时间	成员国(组织)	涉及河流	合作目标
奥卡万戈河流域水资源委员会	1994	安哥拉、博茨瓦纳、纳米比亚	奥卡万戈河	水资源管理、确定流域长期安全水量，制定水资源保护、公平分配和持续利用标准，污染防治措施，缓解短期缺水措施、水设施调查
永久性联合技术委员会	1996	安哥拉、纳米比亚	库内内河	联合管理；水分配；水电开发；就南非在安哥拉开发工程提出建议；调查、研究和勘察计划
林波波河联合水资源委员会	1996	莫桑比克、南非	林波波河	缓解短期缺水问题；联合开发、分水标准；监测并交流相关信息；水质管理和防止污染；水土流失防治
刚果河流域国际委员会	1999	喀麦隆、中非、刚果(布)、刚果(金)	刚果河	航运，需水与引水管理，水质管理，生物入侵管理，水土流失与森林砍伐管理
桔河委员会	2000	博茨瓦纳、莱索托、纳米比亚、南非	桔河/奥兰治河	水资源利用和保护项目调查，河流系统保护，污染防治，防洪抗旱规划，数据与信息交流
塞内加尔河组织	2002	几内亚、毛里塔尼亚、马里、塞内加尔	塞内加尔河	促进和加强国家间贸易与经济联系，促进与协调资源开发研究与项目，粮食安全，气候变化适应，工农业与城市供水，联合开发多目标大坝、利益共享，环境保护包括控制污染，自由航行，水电开发，渔业
尼罗河流域行动组织	2002	布隆迪、中非、刚果(金)、埃及、厄立特里亚、埃塞俄比亚、肯尼亚、卢旺达、苏丹、坦桑尼亚、乌干达	尼罗河	水资源有效管理和优化利用，合作与联合行动，减少贫困与促进经济一体化
联合水资源委员会	2002	莫桑比克、津巴布韦	布济河、蓬圭河、萨韦河	水资源利用与需求数据与信息的收集与交流，水资源保护、分配和可持续利用，防止污染标准
维多利亚湖流域委员会	2003	肯尼亚、坦桑尼亚、乌干达	维多利亚湖	政策与法律协调；持续环境管理；水生资源保护与管理，包括鱼；经济发展；基础设施开发
坦噶尼喀湖管理局	2003	布隆迪、刚果(金)、坦桑尼亚、赞比亚	坦噶尼喀湖	综合合作，生物多样性保护和自然资源的可持续利用，渔业管理，污染控制，航运
林波波河委员会	2003	博茨瓦纳、莫桑比克、南非、津巴布韦	林波波河	水资源持续利用；流域保护，包括社会和文化遗产；数据与信息收集、处理和发布；防洪抗旱；调查与研究
马诺河联盟	2003	利比亚、塞拉利昂	马诺河	经济发展，扩大区域与国际贸易合作，能力发展，合作保证共同利益
赞比西河水道委员会	2004	安哥拉、博茨瓦纳、马拉维、莫桑比克 、纳米比亚、坦	赞比西河	收集与发布信息，水资源开发与管理协调，水资源规划、管理和利用

续表

机构名称	时间	成员国(组织)	涉及河流	合作目标
		桑尼亚、赞比亚、津巴布韦		
沃尔特河流域管理局	2006	贝宁、布基纳法索、加纳、马里、多哥	沃尔特河	促进水资源综合管理；水资源利用效益的公平分配；可能有实质影响的设施与规划管理；协调水资源开发的相关研究、工程等工作
Ruvuma 河联合水资源委员会	2006	莫桑比克、坦桑尼亚	Ruvuma 河	共有水资源的可持续发展与公平利用，确定水资源综合管理与开发的合作领域
技术综合委员会	1946	阿根廷、乌拉圭	拉普拉塔河	水电及相关问题(信息共享、可用水量评估等)，航道建设与渠道工程，基础设施建设
国际水委员会	1961	危地马拉、墨西哥	Candelaria，Coatam Achute，Grijalva，Hondo，Suchiate	水质、水电、河流/环境保护、研究
永久性政府间协调委员会	1969	阿根廷、玻利维亚、巴西、巴拉圭、乌拉圭	拉普拉塔河	水资源利用，改善交通通信网络，工业发展，经济互补，教育、健康与疾病控制等合作，促进共同利益，能力建设
巴拉那河联合委员会	1971	阿根廷、巴西、巴拉圭	拉普拉塔河	水电开发，水资源管理，灌溉，多目标水利用，社会经济发展，基础设施建设
拉普拉塔河行政委员会	1973	阿根廷、乌拉圭	拉普拉塔河	生物资源保护，防止污染，捕鱼管理，联合计划研究，航行协调
Mirim 湖流域开发委员会	1977	巴西、乌拉圭	Mirim 湖	经济开发、区域一体化、水电开发、工矿业用水、灌溉与农业、家庭用水、动植物资源利用
亚马孙河合作条约组织	1978	玻利维亚、巴西、哥伦比亚、圭亚那、厄瓜多尔、秘鲁、苏里南、委内瑞拉	亚马孙河	社会经济发展；环境保护；自然资源保护与合理利用；生态平衡与物种保护；商业自由航行；科学与技术合作；基础设施(道路、河流和通信网络)
经济合作与自然一体化双边委员会	1985	阿根廷、智利	Cullen，Lake Fagao，St. Martin，Zapaleri	以水为基础的经济开发
的的喀喀湖区域开发联合分委员会	1987	玻利维亚、秘鲁	的的喀喀湖	综合发展(包括环境保护)，水电工程，洪水管理
圣格兰德河流域联合机构	1990	阿根廷、智利	圣格兰德河	社会经济信息、环境健康、流域管理、可持续发展
的的喀喀湖双边自治管理局	1992	玻利维亚、秘鲁	的的喀喀湖	水资源与生物多样性/环境保护，水资源参与式管理
皮科马约河河道开发三方委员会	1995	阿根廷、玻利维亚、巴拉圭	皮科马约河	资源利用研究；综合规划，包括综合开发目标；基础设施建设监测(特别是桥梁与航道)；水电开发规划；旅游业发展；污染排放标准，监督和分析水质状况；协调维持流域生态平衡；水传播疾病的研究；

续表

机构名称	时间	成员国(组织)	涉及河流	合作目标
				农业问题研究
Trifino 计划三方委员会	1998	萨尔瓦多、危地马拉、洪都拉斯	伦伯河	国际流域开发，自然资源管理，经济多样化，自然灾害与风险管理，确定论坛功能，联合行动计划，技术与金融合作
莱茵河航行中央委员会	1816	比利时、法国、德国、荷兰、瑞士	莱茵河	自由航行事务
多瑙河委员会	1948	奥地利、保加利亚、克罗地亚、德国、匈牙利、摩尔多瓦、俄罗斯、罗马尼亚、塞尔维亚、斯洛伐克、乌克兰	多瑙河	促进多瑙河自由航行、改善沿岸国家关系
保护莱茵河国际委员会	1950	法国、德国、卢森堡、荷兰、瑞士、欧盟	莱茵河	维持与改善水质、水利设施安全、维持天然水流与恢复生境、防洪
德瓦尔河委员会	1954	奥地利、斯洛文尼亚	德瓦尔河	水经济、水质信息数据交流；水资源与洪水管理；能源管理与水电开发
摩泽尔河委员会	1956	法国、德国、卢森堡	摩泽尔河	航行与航道管理
南斯拉夫、希腊永久性水利经济委员会	1959	希腊、塞尔维亚	斯特鲁马河	航运(包括普雷斯帕湖)，渔业，研究、信息交流的合作
摩泽尔河保护委员会	1961	法国、德国、卢森堡	摩泽尔河	污染防止，环境保护，洪水管理，欧盟水框架法令实施
保护萨尔河国际委员会	1961	法国、德国	萨尔河	污染、环境保护、洪水管理、欧盟水框架指令的实施
加伦河联合委员会	1963	法国、西班牙	加伦河	水电开发及其水资源管理
国际河流国际委员会	1964	西班牙、葡萄牙	杜罗河、瓜迪亚纳河、Lima、Mino、塔霍河	水电开发；水量及分配
边界水利用委员会	1964	芬兰、俄罗斯	Olanga、奥卢河、武奥克萨河	水质与污染(工业废水)；为航运、漂木和渔业调节水流
保护水域免受污染联合委员会	1972	意大利、瑞士	马焦雷湖、卢加诺湖	污染状况及变化调查；污染源、污染状况及程度研究；提出污染防止措施
保护水域免受污染的综合委员会	1972	意大利、瑞士	波河	污染防止合作；污染源、特性及程度调查；制订污染行动方案
康士坦茨湖保护国际委员会	1973	奥地利、德国、瑞士	康士坦茨湖	水质监测，包括污染物来源、水体状况，拟定湖泊清洁法律文件
康士坦茨湖航行国际委员会	1973	奥地利、德国、瑞士	康士坦茨湖	航运规则制定(包括航行中的污染、水质问题)
跨境水委员会	1981	芬兰、挪威	凯米河、帕斯维克河、塔纳河、Naatamo、Tourne	保护河流、维护环境利益；水资源管理规划

续表

机构名称	时间	成员国(组织)	涉及河流	合作目标
易北河保护国际委员会	1990	捷克、德国、欧盟	易北河	防止污染、改善现状；点源污染调查；防止突发污染事件的措施；减少易北河对北海的污染；饮用水；防止农业污染；促进研究和技术信息交流合作；洪水管理
国际斯海尔德河委员会	1994	比利时、法国、荷兰	斯海尔德河	协调实施欧盟水框架指令；防洪(高水位)抗旱和污染预防、预警建议；行动计划；信息、水政策建议交流
多瑙河保护国际委员会	1994	奥地利、波斯尼亚-黑塞哥维那、保加利亚、克罗地亚、捷克、德国、匈牙利、摩尔多瓦、黑山、罗马尼亚、塞尔维亚、斯洛伐克、斯洛文尼亚、乌克兰、欧盟	多瑙河	水质、鱼类和生物多样性与环境保护、水文地貌变化、航行、气候变化、水电开发
德涅斯特河联合委员会	1994	摩尔多瓦、乌克兰	德涅斯特河	水利设施维护；水资源保护与管理实施方案；联合开发计划；维持合理水位；水污染防止；评价生物资源状况，建立统一的管理和捕捞限额制度
保护奥得河免受污染国际委员会	1996	捷克、德国、波兰	奥得河	欧盟水框架指令执行；防止奥得河和波罗的海污染；自然生态系统和物种、生物多样性保护；饮用水利用；防洪
俄罗斯-白俄罗斯-拉脱维亚委员会	1997	白俄罗斯、拉脱维亚、俄罗斯	道加瓦河	水质、水文、点源与非点源污染信息收集与交流；环境监测项目的发展与实施；建立地理信息数据库；环境调查的制定、实施与评价；水质管理目标的确定；水质管理计划的建立；拟定协定执行条例与指南；水质标准与条例、指南的协调统一
联合跨境水委员会	1997	爱沙尼亚、俄罗斯	纳瓦河	水环境状况及保护信息交流；水环境改善项目及规划；联合监测和实验室对比校正
萨瓦河流域国际委员会	2002	波斯尼亚-黑塞哥维那、克罗地亚、塞尔维亚、斯洛文尼亚	萨瓦河	航行、可持续水管理(水质与水量)、地下水、防洪、水土流失
第聂伯河流域国际理事会	2003	白俄罗斯、俄罗斯、乌克兰	第聂伯河	建立跨境监测系统，实现环境信息交流；相关者参与
跨境淡水问题永久性委员会	2005	希腊、阿尔巴尼亚	普雷斯帕湖	数据的收集、整理与评估，建立信息交流平台；确定污染源、编制清单，确定水质目标；水利工程规划
默兹河国际委员会	2006	比利时、法国、德国、卢森堡、荷兰	默兹河	地表地下水监测；联合管理；防洪抗旱管理；环境保护；农业；信息交流；污染防止

续表

机构名称	时间	成员国(组织)	涉及河流	合作目标
日内瓦湖保护国际委员会	1962	法国、瑞士	日内瓦湖	水质监测评价；污染物性质、范围和来源调查；恢复鱼类种群数量接近自然状态
维斯瓦河联合委员会	1964	波兰、乌克兰(苏联)	维斯瓦河	水流调节，水利设施建设，农业供水；保护地不受损耗和污染
日内瓦湖捕鱼协商委员会	1982	法国、瑞士	日内瓦湖	统一捕鱼规则；有效保护鱼类及其生境
跨境水利用与保护联合委员会	1992	哈萨克斯坦、俄罗斯	伏尔加河	协调行动；交换信息；解决分歧；保护水资源；供水与灌溉；洪水管理
提萨河流域联合委员会	1994	斯洛文尼亚、乌克兰	提萨河(多瑙河支流)	
边界水委员会	1995	捷克、德国	易北河	水质改善；联合管理；水电、防洪、污染物排放、水文信息及生境保护等合作
赫尔曼德河三角洲委员会	1950	阿富汗、伊朗	赫尔曼德河	数据收集(流量、土地利用、引水工程)；水资源共享建议
叙利亚-约旦联合委员会	1953	约旦、叙利亚	约旦河	农业灌溉，水力发电，水资源有效利用，基础设施建设
永久性印度河委员会	1960	印度、巴基斯坦	印度河	水分配 、监督实施
印度-孟加拉国河流联合委员会	1972	孟加拉国、印度	Fenney，恒河，Karnapuli	联合管理河流利用；防洪(预报、预警)；灌溉工程；联合研究；水分配与共享
联合边界水委员会	1973	格鲁吉亚、土耳其	克鲁河	共享水资源联合管理；边界河道整治/水流调节
Fly 河边界委员会	1978	巴布亚新几内亚、印度尼西亚	Fly 河	控制跨境污染，保护传统权利与习惯，促进航运
区域水资源联合技术委员会	1980	伊拉克、叙利亚、土耳其	幼发拉底河-底格里斯河	数据信息交换，水量分配方法和程序
中亚水资源协调国家间委员会	1992	哈萨克斯坦、吉尔吉斯斯坦、土库曼斯坦、乌兹别克斯坦、塔吉克斯坦	咸海	统一水政策；水资源合理利用与保护，大型水库调节、水流维持规则；批准各国年度用水限额，制定生态规划；建立统一的水资源利用监测、水文气象标准的信息系统；联合研究协调、建立联合的灾害预防系统
额尔齐斯河管理国际委员会	1992	哈萨克斯坦、俄罗斯	额尔齐斯河-鄂毕河	水资源保护、供水、灌溉、洪水
关于利用与保护跨境水资源的联合委员会	1993	哈萨克斯坦、俄罗斯	额尔齐斯河-鄂毕河	协调行动，交流信息，监督实施，解决分歧，保护水资源；供水、灌溉、洪水管理
约旦、以色列联合水委员会	1994	以色列、约旦	约旦河	水分配/水量共享；开发现有水源、增加可用水量、减少水浪费；联合监测水质；合作建设亚穆克河引水

续表

机构名称	时间	成员国(组织)	涉及河流	合作目标
				/蓄水大坝
咸海流域规划、拯救咸海国际基金	1994	哈萨克斯坦、吉尔吉斯斯坦、土库曼斯坦、乌兹别克斯坦、塔吉克斯坦	咸海	能力建设，社会经济发展与扶贫，项目实施，水资源规划、管理与制度建设
湄公河委员会	1995	老挝、泰国、柬埔寨、越南	湄公河	水及相关资源的可持续开发、利用、管理和保护，包括灌溉、水电、航行、洪水、渔业、漂木、旅游
以色列、巴勒斯坦联合水委员会	1995	以色列、巴勒斯坦	约旦河	水分配/水量合作
Mahakali 河委员会	1996	印度、尼泊尔	恒河	项目运行监督、管理评估与建议；保护和利用河流建议；协调和监测计划；分歧调查
阿穆尔河流域协调委员会	2004	中国、蒙古国、俄罗斯	阿穆尔河/黑龙江	协调环境保护，联合研究流域环境问题
关于利用 Chu 河和 Talas 河水管理设施的两国委员会	2006	哈萨克斯坦、吉尔吉斯斯坦	Chu 河、塔里斯河	加强水资源管理与合作，规划水资源分配；多目标水利设施运行成本分担的程序
Dostluk 委员会	2007	伊朗、土库曼斯坦	哈里河	协调水资源管理